BENJAMÍN HERREROS

Bioética clínica

Un puente entre la medicina y los valores

ALMUZARA

Editorial Almuzara • Ensayo
Editora: Ángeles López
Corrección: Carmen Gómez Pérez
Maquetación: Joaquín Treviño

www.editorialalmuzara.com
pedidos@almuzaralibros.com - info@almuzaralibros.com

Editorial Almuzara
Parque Logístico de Córdoba. Ctra. Palma del Río, km 4
C/8, Nave L2, nº 3. 14005 - Córdoba

Imprime: Podiprint
ISBN: 979-13-70200-12-1
Depósito legal: CO-1765-2025
Hecho e impreso en España - *Made and printed in Spain*

A mis amigos del *Instituto de Ética Clínica Francisco Vallés*,
con quienes comparto proyectos, para nosotros, vitales.

Índice

Introducción

UN PUENTE ENTRE DOS MUNDOS

El libro *Bioética clínica* está destinado a cualquier profesional interesado por la intersección entre la ética y la medicina. A quienes quieran descubrir cómo responder a los problemas éticos, tan frecuentes, en medicina. En el libro se explica que existen diferentes niveles de decisión en bioética clínica. Uno público (*macroética clínica*), que aborda las discusiones y políticas públicas; otro profesional (*mesoética*), que incluye las instituciones profesionales y asistenciales; y un tercer nivel, que es privado (*microética*), donde se toman las decisiones concretas con los enfermos. Es privado porque en este nivel entra en juego la intimidad, los sentimientos y valores, de los implicados. Algunas decisiones del nivel *micro* permiten una deliberación calmada, mientras que otras se producen durante la relación directa, «a pie de la cama», de acuerdo con la idea de microética clínica de Paul Komesarof. Este libro se ocupa del tercer nivel, donde confluye la intimidad de los enfermos y usuarios del sistema sanitario con la de los profesionales. Los tres niveles son importantes y merecen un cuidado ético. Pero conviene recordar que los niveles *macro* y *meso* influyen directamente en el *micro*. Las políticas y las instituciones sanitarias tienen una responsabilidad ética con los pacientes, no solo los profesionales.

El subtítulo del libro es *Un puente entre la medicina y los valores* porque la bioética nace para salvar la distancia que hay entre dos mundos, el de la tecnociencia (en bioética clínica, la ciencia médica) y el de la ética. Son «las dos culturas» de Charles P. Snow; las dos orillas que une el puente de Van Rensselaer Potter, cuando representa la bioética como un puente. La distancia entre estos dos mundos, señalaba C. P. Charles P. Snow, afecta a la vida intelectual y a la práctica. Si unos informáticos desarrollan un *software* con IA exclusivamente para ahorrar recursos sanitarios, sin pensar en su repercusión en la atención sanitaria, se están alejando de los profesionales sanitarios. Están separando la tecnología de los valores inherentes a la medicina. El puente de V. R. Potter es de comunicación —uniendo «las dos culturas»— y temporal, proyectado a comienzos de los años setenta hacia el futuro para que la tecnología no destruyera a la humanidad. Sin duda acertó, porque, después de más de cincuenta años, estamos desorientados, abrumados, ante el poder de la tecnología biomédica. Más que nunca, hay que recuperar el puente de la comunicación —entre la ciencia médica y los valores— y el puente que se proyecta hacia el futuro, para que la tecnociencia no ciegue nuestros objetivos: en medicina, el cuidado óptimo de la salud.

¿POR QUÉ ESTE LIBRO? BIOÉTICA CLÍNICA 360°

Hay cantidad de tratados de bioética y otros tantos de bioética clínica. ¿Por qué entonces uno más? Para escribirlo, hubo dos motivaciones principales. La primera son los argumentos habituales que llevan a escribir un libro de bioética clínica, basados en la relevancia de esta disciplina: por la *responsabilidad especial* que tienen los profesionales sanitarios y porque los problemas éticos en medicina son frecuentes y muchos difíciles de resolver. Estos argumentos conducen al siguiente: es esencial formar a los profesionales para que atiendan a su responsabilidad especial y para que sepan afrontar los problemas éticos. Además, la formación en bioética los hace mejores profesionales y personas, lo que repercute en su profesión y en su vida privada. Junto a estos argumentos, comunes en todos los manuales de bioética clínica, el otro motor ha sido comprobar que los textos de bioética clínica carecen de una vertiente práctica. Más bien de una adecuada conexión entre teoría y práctica. La parte más aplicada de la bioética, como puede ser la redacción de una nota clínica, debe tener un fundamento filosófico. No es fácil dar el paso desde la teoría a lo concreto. Este libro trata de acompañar al lector en un viaje desde la parte más conceptual de la bioética hasta la más concreta, como, por ejemplo, la redacción de un protocolo.

Comenzaré por los «argumentos habituales». La ética es común a todos los humanos. Todos nos preguntamos qué es lo mejor y cómo debemos actuar, es decir, de qué manera usar nuestra libertad. Pero no todos tenemos la misma responsabilidad. A mayores consecuencias derivadas de las acciones, existe mayor responsabilidad. ¿Cómo medir las consecuencias? Por los valores en juego y por la capacidad que tenemos de gestionar dichos valores. En la guerra, un general tiene más responsabilidad que un soldado, porque en sus manos hay más vidas y muertes. En medicina se gestionan dos valores primordiales, apreciados por todos: la salud y la vida. Y los profesionales sanitarios tienen un gran poder en su gestión. En esto consiste la *responsabilidad especial* del médico, de los sanitarios, en que gestionan directamente la vida y la salud de los ciudadanos. Por eso la exigencia ética del profesional sanitario tiene que ser muy alta; la que se espera de él y la que él mismo se debe exigir.

En medicina continuamente se está ejerciendo esta responsabilidad especial. Por eso los problemas éticos son tan frecuentes[1,2]

1   López-Soriano F, Bernal L, Pozo P. Mapa de conflictos éticos intrahospitalarios. Rev Calidad Asistencial. 2007;22(1):50-55.
2   Entre el 70 % y el 99 % de los clínicos encuentra conflictos éticos en su práctica asistencial y con frecuencia dichos conflictos les dificultan su trabajo. Blanco Portillo A, García-Caballero R, Real de Asúa D, Herreros B. Which Are the Most Prevalent Ethical Conflicts for Spanish Internists? Rev Clin Esp. 2020 jul. 7:S0014-2565(20)30150-8.

y complejos, lo que dificulta la práctica asistencial. Los conflictos éticos han incrementado en las últimas décadas como consecuencia de vivir en sociedades plurales y tolerantes con la diversidad de valores y, además, por la progresiva complejidad de la medicina contemporánea.[3] Cuando los sanitarios gestionan la vida y la salud, entran en juego sus valores particulares, los de los pacientes y sus allegados, los de las instituciones y también los de la sociedad.[4] Inevitablemente, existe disparidad de criterios[5]. Pedro tiene demencia y ha dejado de comer. Los hijos solicitan que no se le alimente artificialmente, mientras que la mujer, que es su cuidadora principal, quiere alimentarle como sea. Es imprescindible que quienes aconsejan en la toma de decisiones, los sanitarios, sepan hacerlo. Que tengan criterios más allá de la clínica, porque la decisión afecta a los valores, a la intimidad y al proyecto de vida de Pedro y su familia.

Otro argumento para hacer este libro, derivado de los anteriores, es que la formación en bioética hace mejores profesionales y, como consecuencia, mejores personas. Y, sobre todo, hace que Pedro y su familia sean mejor atendidos; que reciban un mejor consejo. James Drane en *Becoming a Good Doctor* (1988)[6] expone que la base de una buena práctica médica es el carácter ético del profesional. Poseer un carácter adecuado es el punto de partida para prevenir y enfrentarse a los problemas. Sin embargo, como explica James Drane, el sistema educativo ha descuidado la educación del carácter. Esta debe ser teórica y práctica. Su principal

---

3   Simón P, Barrio IM. Un marco histórico para una nueva disciplina: La bioética. Med Clin. 1995;105:583-597.

4   Walker RM et al. Physicians' and Nurses' Perceptions of Ethics Problems on General Medical Services. J Gen Intern Med. 1991;6(5):424-429.

5   Herreros B, García Casasola G, Pintor E, Sánchez MA. Paciente conflictivo en urgencias: Definición, tipología y aspectos éticos. Rev Clin Esp. 2010 sep.;210(8):404-409.

6   Drane JF. Becoming a Good Doctor: The Place of Virtue and Character in Medical Ethics. Kansas City, MO: Sheed & Ward; 1988. 5-15.

objetivo tiene que ser asentar en el ADN del profesional los valores que le ayuden a cuidar con excelencia al enfermo. Después, en un segundo momento, se pueden aprender las herramientas para analizar los problemas y tomar decisiones. Se pueden manejar las teorías y guías de decisión. Pero lo fundamental «no es si el emperador no tiene ropa, sino si la ropa no tiene emperador».

El último argumento —y verdadero motor de esta obra— es el intento de hacer una «bioética clínica 360°», donde la reflexión filosófica se dé la mano con la conversación con la esposa de Pedro. Una bioética que salve la distancia entre la teoría y la práctica. Este motor ha impulsado la estructura del libro, dividido en «Teoría. Bioética filosófica» y «Práctica. Bioética asistencial». La bioética filosófica comienza con el marco conceptual (qué es la bioética clínica), para pasar a la *ética de la bioética*, analizando qué es la ética y qué teorías se han aplicado a la bioética. Después se describen las principales teorías y guías éticas desarrolladas para responder a los problemas en bioética clínica. Todas coinciden en un momento: la decisión moral. El momento en el que se sopesan los factores en juego para escoger lo mejor. El momento de decidir. Este se estudia en tres formatos: dogmatismo, deliberación y equilibrio reflexivo. Ciertamente, existen otras profesiones conflictivas, como el derecho, la educación o la política, pero la medicina es, posiblemente, la que ha trabajado más los métodos de decisión moral. Entre los médicos ha existido una preocupación histórica por los problemas éticos. Desde sus inicios, en tiempos de Hipócrates, los médicos eran conscientes de su *responsabilidad especial*, por lo que la medicina fue la primera profesión en autorregularse a través de un juramento. Partiendo de los textos hipocráticos hasta las actuales guías éticas, la medicina no ha dejado de ocuparse de responder a su responsabilidad moral.

La segunda parte del libro es la «Práctica. Bioética asistencial». En primer lugar, se presentan los problemas éticos en la práctica clínica, analizándose su estructura interna. El siguiente paso (capítulo) trata de identificar qué es un problema ético. La mayor parte de los profesionales sanitarios están interesados por la clínica, por el proceso diagnóstico y terapéutico. Esto provoca que pasen desapercibidos los problemas éticos. Lo que no se ve (identifica) no se nombra y lo que no se nombra no existe. Si no se realiza un adecuado diagnóstico ético, no es posible el tratamiento. Una vez planteados los posibles problemas, estudiada su estructura y ya identificados —nombrados—, es el momento de dar una respuesta. En el capítulo sobre los modelos de asesoramiento ético se explica el papel del consejo en la ética y cómo este se ha trasladado a los principales modelos de asesoría ética, los comités, la consultoría y la elaboración de protocolos. Los últimos capítulos tratan la parte más concreta de la bioética clínica. La elaboración de informes y de protocolos por parte de los asesores. De qué manera aterrizan sus teorías, ideas y la deliberación en documentos que impactan directamente en la práctica asistencial.

EL *ETHOS* DEL PROFESIONAL SANITARIO: PENSAMIENTO RÁPIDO Y LENTO

En el fondo, este libro trata sobre el *ethos* del profesional sanitario, porque, si es un buen profesional, cuidará a sus pacientes. En las decisiones cotidianas intervienen el pensamiento rápido y el lento descritos por Daniel Kahneman. También los denomina Sistema 1 —rápido, intuitivo y emocional— y Sistema 2, que es lento, deliberativo y lógico:[7]

> Creemos saber lo que tenemos en nuestra mente, que a menudo consiste en un pensamiento consciente que discurre ordenadamente. Pero esta no es la única manera en que la mente trabaja, ni siquiera la manera habitual. La mayor parte de nuestras impresiones y pensamientos surgen en nuestra experiencia consciente

---

7   Kahneman D. Pensar rápido, pensar despacio. Madrid: Debate; 2012. 8-9.

sin que sepamos de qué modo. [...] El trabajo mental que produce impresiones, intuiciones y multitud de decisiones se desarrolla silenciosamente en nuestras mentes

El pensamiento rápido aporta soluciones prácticas inmediatas. Corresponde con el nivel intuitivo de Richard M. Hare,[8] constituido por principios *prima facie* sólidos, que sirve para actuar con eficacia y rapidez en la vida cotidiana. Son reglas que no precisan de una reflexión prolongada, como no matar o decir la verdad. El pensamiento lento —el crítico en Richard M. Hare— es más reflexivo y deliberativo. Es necesario para situaciones complejas, donde hay tiempo para pensar qué es lo correcto.

Nuestro *ethos* es fruto de ambos. Las virtudes y valores insertos en nuestro carácter producen el Sistema 1. Se adquieren emocionalmente a lo largo de la vida a través del ejemplo de otras personas. El Sistema 2 permite decidir con calma ante problemas difíciles. En bioética clínica se trabajan ambos, la educación del carácter y los procedimientos racionales de decisión. Al deliberar reiteradamente (Sistema 2) se modifica el carácter (Sistema 1). Este trabajo se hace en equipo: deliberamos con otros y los demás nos ayudan a identificar nuestros errores en el pensamiento rápido. D. Kahneman explica cómo: «Con frecuencia estamos seguros de nosotros mismos cuando nos equivocamos, y es más probable que un observador objetivo detecte nuestros errores antes que nosotros mismos». La bioética clínica es el lugar, el puente, que nos ayuda a unir dos mundos inseparables. Es el lugar, el puente, que nos inspira a perseguir el mejor cuidado para los enfermos. Es el lugar, el puente, que nos ayuda a mejorar nuestro *ethos*.

---

8   Scarre G. Utilitarianism. London: Routledge; 1996. 172-179.

Teoría. Bioética filosófica

MARCO CONCEPTUAL

Antes de adentrarse en la disciplina, es preciso delimitar, en la medida de lo posible, de qué trata la bioética y su producto médico: la bioética clínica. Qué es y qué caracteriza a esta rama de la bioética.

¿Qué es la bioética?

El término *bioética* es un neologismo consecuente de la necesidad de conceptualizar una nueva realidad.[9] Todas las disciplinas precisan ser delimitadas para establecer qué temas y problemas pertenecen a su ámbito de estudio. Para Gustavo Bueno, las ciencias son construcciones objetivas de elementos organizados. Son estructuras categorialmente cerradas; una categoría de conocimientos delimitados. Realizar el cierre categorial de una disciplina científica consiste en determinar qué es y qué no es dicha disciplina; qué elementos le dan la unidad. No obstante, toda disciplina científica, al captar solo una parte de la realidad, mantiene cierta continuidad con las disciplinas que abordan otras partes de la realidad relacionadas.[10]

---

9   Simón P., Barrio IM. *Un marco histórico para una nueva disciplina: la bioética*. Med Clin (Barc). *1995*; 105 :583-97.

10   Bueno G. *Teoría del cierre categorial. Introducción general. Siete enfoques en el estudio de la ciencia*, vol. 1. Oviedo: Pentalfa Ediciones; 1992. 54-55.

Con la bioética no se ha realizado un adecuado cierre categorial. Se emplea el término con excesiva laxitud. Debido a que es una disciplina amplia y a que no es estrictamente científica, se usa el término para prácticamente cualquier problema relacionado con la vida, aunque se trate de cuestiones legales, sociales o políticas. Para clarificar los problemas, es preciso conceptualizar qué es la bioética, realizar cierto cierre categorial, sabiendo que dicho cierra será provisional, porque es una disciplina dinámica, en continua evolución.[11]

Una noción histórica

Para conceptualizar la bioética es preciso conocer su historia. Comprender cómo se ha construido la disciplina. Desde el siglo XVIII, gracias a Emmanuel Kant, se considera que todos los seres humanos poseen dignidad. Como consecuencia, tenemos obligaciones morales con todos los humanos. El imperativo categórico kantiano se aplica solo a los seres humanos, por ser los únicos que poseen racionalidad y voluntad. Los humanos son fines en sí mismos, mientras que el resto de los seres de la naturaleza no lo son. Tienen un valor relativo:

> Los seres cuya existencia no descansa en nuestra voluntad, sino en la naturaleza, tienen, empero, si son seres irracionales, un valor meramente relativo, como medios, y por eso se llaman cosas; en cambio, los seres racionales llámense personas porque su naturaleza los distingue ya como fines en sí mismos, esto es, como algo que no puede ser usado meramente como medio.[12]

Esta idea, fruto de la Ilustración, caló profundamente en Occidente. Era coherente con la religión imperante, el cristianismo,

11   Sánchez-González M., Herreros B. *Bioethics in Clinical Practice*. Rev Med Inst Mex Seguro Soc. 2015;53(1):66-73.
12   Kant I. *Fundamentación de la metafísica de las costumbres*. Madrid: Espasa-Calpe; 1990. 52-69.

que dignificaba a la persona humana. El cristianismo situaba a los humanos por encima del resto de los seres vivientes. Porque así se expresa ya en el Génesis 1:28: «Sed fecundos y multiplicaos, y llenad la tierra y sometedla; ejerced dominio sobre los peces del mar, sobre las aves del cielo y sobre todo ser viviente que se mueve sobre la tierra».

En el siglo xx se comenzó a cuestionar eso de que solo tenemos obligaciones morales con los seres humanos y que, además, tenemos que dominar al resto de los seres vivos. En 1923 Albert Schweitzer, también alemán, amplió las obligaciones morales de los humanos a otras especies. En su filosofía de reverencia por la vida, A. Schweitzer establece como principio ético básico la devoción a la vida. Definió un nuevo imperativo formal (general), el cual debía servir para orientar nuestras decisiones. Podría resumirse así: «Es bueno mantener y alentar la vida; es malo destruir la vida u obstruirla». Los humanos, según A. Schweitzer, tenemos una responsabilidad sin límites hacia todo viviente y no solo hacia los humanos. Propuso la siguiente directriz:[13]

> Siempre que lesiono una vida de cualquier tipo, debo tener muy claro si es necesario. Nunca debo ir más allá de lo inevitable, ni siquiera con lo que parece insignificante.

En la misma línea de reverencia o respeto por toda vida, Fritz Jahr —de nuevo, alemán— habló por primera vez de bioética. Para F. Jahr, la bioética consistía igualmente en extender el imperativo kantiano a todas las formas de vida. En 1927 se refirió a la bioética para explicar la obligación ética que tenemos los humanos de buscar la armonía con todo nuestro entorno vivo. Definió así el imperativo bioético: «Respeta por principio a cada

---

13   Schweitzer A. *Out of My Life and Thought: An Autobiography*. Antje Bultmann Lemke (traductor). Baltimore: Johns Hopkins University Press; 1998. 153-159.

ser viviente como un fin en sí mismo y trátalo, de ser posible, como a un igual».[14]

Durante el periodo de entreguerras —cuando A. Schweitzer y K. Jahr realizan su propuesta de ampliación de las obligaciones morales a toda forma de vida— y, muy especialmente, tras la Segunda Guerra Mundial, los avances científicos y tecnológicos situaron al ser humano en otra época. El poder que se tenía sobre la naturaleza (nuevas fuentes de energía como la nuclear, avances en locomoción o en biomedicina) hacían imprescindible una reflexión ética sobre el poder de la tecnología. Urgía pensar acerca de la capacidad que se tenía de transformar la naturaleza. La propuesta de Fritz Jahr y su imperativo bioético pasaron desapercibidas. De la misma manera, la magnífica obra de A. Schweitzer quedó eclipsada por otras filosofías que se ocupaban del colapso que se había producido en Occidente durante las primeras décadas del siglo xx, como la fenomenología, el existencialismo o el estructuralismo. Numerosos autores, como José Ortega y Gasset, Anna Arendt, Karl Jaspers o la escuela de Frankfurt, analizaban el poder de la tecnología. Advertían de su mal uso. Cómo podía cercenar aspectos nucleares para la humanidad, hasta el punto de ponerla en peligro. Cómo se podía convertir en un fin en lugar de en un medio para el progreso de la humanidad. Cuando Theodor W. Horkheimer dice «el envío de una nave a la luna me deja indiferente», Max Adorno contesta que «la técnica no es sagrada».[15]

En esta época de encumbramiento de la técnica, paralelamente se producía un distanciamiento entre las humanidades y la ciencia (y su producto: la técnica). Distanciamiento que ya se había iniciado con el positivismo decimonónico. La crítica más popular a este distanciamiento la realizó el físico y escritor británico

14 Jahr F. Bio-ética: *Un análisis de las relaciones éticas de los seres humanos con los animales y las plantas.* Kosmos. 1927;24:2-4.
15 Adorno TW, Horkheimer M. *Hacia un nuevo manifiesto.* (1956). Buenos Aires: Editorial Eterna Cadencia; 2014. 42.

Charles P. Snow. En 1959 pronunció en Cambridge la conferencia «Las dos culturas», que había sido publicada tres años antes. En ella contaba que llevaba treinta años en intenso contacto con científicos y escritores:[16]

> Me movía entre dos grupos —comparables en inteligencia, de idéntica raza, de orígenes sociales no demasiado diferentes, más o menos con los mismos ingresos— que habían dejado absolutamente de comunicarse entre ellos y que, en materia de clima intelectual, moral y psicológico, tenían tan poco en común.

Existe, continuaba C. P. Snow, «un abismo de incomprensión mutua, a veces (particularmente entre los jóvenes) hostilidad y desagrado, pero sobre todo falta de entendimiento. Cada grupo tiene una curiosa imagen distorsionada del otro».

Por tanto, mediado el siglo xx existía la necesidad de pensar la tecnología y la ciencia. Además, se había detectado, diagnosticado, una escisión entre los humanistas y los científicos, que afectaba a la vida intelectual y a la práctica. En este contexto realizó Van Rensselaer Potter en 1970 su propuesta de bioética como puente. Un puente entre humanistas y científicos; un puente hacia el futuro. Investigador en oncología, el estadounidense V. R. Potter era consciente del poder de la tecnología sobre la vida humana, por lo que señaló la necesidad de establecer criterios éticos para manipular y gestionar la vida. Planteó la bioética como una nueva disciplina que combinara el conocimiento biológico con el conocimiento de los sistemas de valores humanos.

> Propongo el término «bioética» para enfatizar los dos ingredientes más importantes para lograr la nueva sabiduría que tanto se necesita: el conocimiento biológico y los valores humanos.

---

16   Snow CP. *Las dos culturas. La conferencia rede* (1959). Buenos Aires: Nueva visión; 2000. 73-75.

[...]

Ningún individuo podría dominar todos los componentes de esta rama del conocimiento, al igual que hoy nadie sabe toda la zoología o toda la química, pero lo que se necesita es una nueva disciplina para proporcionar modelos de estilos de vida, para que las personas puedan comunicarse entre sí y proponer y explicar las nuevas políticas públicas que podrían ser un «puente hacia el futuro».

[...]

La bioética, tal como la concibo, intentaría generar sabiduría, el saber de cómo utilizar el conocimiento para el bien social, a partir de un conocimiento realista de la naturaleza biológica del hombre y del mundo biológico.[17]

V. R. Potter recuperó la concepción holística de bioética de A. Schweitzer y F. Jahr, que consideraban la vida en su conjunto, no solo a la vida humana. Incorporó el problema del poder de la tecnología y, además, introdujo la idea de bioética como puente. La bioética tenía que unir dos mundos, las dos culturas de C. Snow. Debía servir de puente entre la biología y los valores. Poner en comunicación estos dos mundos inconexos para que la humanidad no llegara al extremo de su autodestrucción. Para que humanistas y científicos no olvidaran que su principal objetivo es mejorar la calidad de vida. Para Van R. Potter la bioética debía ser una disciplina mixta, porque «las nuevas disciplinas se forjarán al calor de los problemas de la crisis de hoy, todos los cuales requieren algún tipo de combinación entre la biología básica, las ciencias sociales y las humanidades». Desde V. R. Potter, ha habido muchas más definiciones de bioética (véase la tabla).

---

17   Potter VR. Bioethics: *The Science of Survival. Perspectives in Biology and Medicine*. 1970; 14: 127-153.

La bioética es una disciplina histórica porque es producto de un determinado contexto científico y social. Como indicó Albert R. Jonsen, «la bioética fue una creación de la época». En medicina, explica A. R. Jonsen, esta disciplina fue concebida también para responder a los problemas producidos por las nuevas tecnologías, así como por la distancia que se había producido entre la tecnociencia y las dimensiones éticas de la profesión, particularmente los derechos de los pacientes. La bioética:

> Fue concebida como una respuesta a las nuevas tecnologías en medicina, pero se gestó en una cultura sensible a ciertas dimensiones éticas, particularmente a los derechos de las personas y su abuso por parte de instituciones poderosas. El cuidado de la salud se había convertido en una institución poderosa, con tecnologías poderosas. Las necesidades y preferencias de los pacientes debían afirmarse enérgicamente.[18]

A. R. Jonsen en un elocuente artículo de 1974, «A new ethic for medicine?»,[19] señalaba que, ante los nuevos hechos de la medicina, médicos y ciudadanos solicitaban una «nueva ética». Porque la «vieja ética» de la medicina era incapaz de abordar los problemas morales planteados por los avances médicos, como la amniocentesis y los medios artificiales para prolongar la vida y la muerte. Era preciso renovar la «vieja ética» de la medicina, con sus posturas rígidas en temas decisivos como el aborto y la eutanasia. En este debate sobre el choque entre lo «viejo» y lo «nuevo», sin embargo, se estaba diciendo muy poco sobre ética, sobre el balance de beneficios y riesgos que había que realizar ante las novedades que traía la tecnología médica. A. R. Jonsen cerraba así el artículo:

---

18   Jonsen AR. *The Birth of Bioethics*. Hastings Cent Rep. 1993 nov.-dic.;23(6):S1-4.
19   Jonsen AR. *A new ethic for medicine?* West J Med. 1974 febr.; 120(2):169-73.

La invención del motor de combustión interna trajo increíbles beneficios a la sociedad. Sin embargo, sólo recientemente hemos comenzado a sospechar los costos que esos beneficios [...]. Los beneficios se han incorporado a nuestra forma de vida; las cargas deben aliviarse de alguna manera. De manera similar, la medicina ha vivido en una época dorada de la ciencia y la tecnología casi desde que existe el motor. [...] Sin embargo, los ricos beneficios de la medicina científica y tecnológica conllevan sus propios costos. Estamos sólo en el umbral de reconocerlos. Debido a que estos costos son a menudo privaciones y restricciones humanas, deben medirse en términos morales y no monetarios. Ésta es la tarea de la nueva ética de la medicina, una nueva tarea.

En 1976 Edmund D. Pellegrino indicaba que pocos acontecimientos habían sido más ilustrativos que la ética médica de la rapidez y dirección del cambio social histórico que se estaba produciendo. Durante siglos, la ética médica había sido un asunto personal y privado de los médicos. Debido al impacto de la tecnología, de repente se había convertido en un tema de debate público.[20] E. Pellegrino se mostraba preocupado por el fracaso de la educación, que no preparaba a los médicos para ser críticos con las cuestiones éticas ni para realizar una investigación responsable.

Tabla. Algunas definiciones de bioética

Van Rensselaer Potter (1970)	Propongo el término *bioética* para enfatizar los dos ingredientes más importantes para lograr la nueva sabiduría que tanto se necesita: el conocimiento biológico y los valores humanos.

---

20 Pellegrino ED. Editorial: *Medical Ethics, Education, and the Physician's Image*. JAMA. 1976 mar. 8;235(10):1043-1044.

Warren Thomas Reich (1978)[21]	Estudio sistemático de las dimensiones morales —incluida la visión moral, las decisiones, la conducta y las políticas— de las ciencias de la vida y la atención sanitaria, usando diversas metodologías éticas con un enfoque interdisciplinar.
Daniel Callahan (1995)[22]	La intersección de la ética y las ciencias de la vida, y también una disciplina académica; un cuerpo normativo en medicina, biología y estudios ambientales; y una perspectiva con consecuencias culturales. Entendida en sentido estricto, la bioética es simplemente un nuevo campo más que ha surgido frente a los grandes cambios científicos y tecnológicos.
Miguel Ángel Sánchez (2007)[23]	Estudio interdisciplinar y regulación de los problemas éticos suscitados por el conocimiento científico y por el poder tecnológico que tenemos sobre la vida.

Cierre categorial: elementos y ámbitos de la bioética

El cierre categorial de la bioética se puede realizar por enumeración, es decir, detallando los elementos que la constituyen. Atendiendo a su etimología, sus contenidos mínimos son la suma de lo biológico y la ética (Potter, 1970; Reich, 1978). Sobre lo primero (*bios*), habría que especificar a qué nos referimos con vida, porque esta puede ser humana, animal no humana y vegetal. En cuanto a la ética, la bioética es una ética aplicada a las ciencias de la vida. Junto a estos dos elementos mínimos (*bios* y *ethos*), como la bioética es una noción histórica, hay que añadir un tercer elemento: el poder de la tecnología (Callahan, 1995; Sánchez, 2007). Este elemento ha sido decisivo para su aparición y desarrollo. Por

21   Reich WT. *Encyclopedia of Bioethics*. Reich W. (editor). Nueva York: Macmillan Reference USA; 2004 (3.ª edición). 11.
22   Callaham D. Clinical Ethics. En: Encyclopedia of Bioethics. Reich W (editor). Nueva York: Macmillan Reference USA; 2004 (3.ª edición). 281.
23   Sánchez MA. Ética, bioética y globalidad. Madrid: Editorial CEP SL; 2007, 8.

último, en una disciplina en la que se combinan las ciencias de la vida, la ética y la tecnología, la multidisciplinariedad resulta imprescindible (Reich, 1978; Sánchez, 2007).

De acuerdo con los elementos descritos (ciencias de la vida, ética y tecnología), se pueden establecer cinco campos en la bioética:

1) Bioética filosófica, teórica o fundamental, que estudia las teorías éticas que se aplican a la bioética, tanto en las decisiones concretas como en políticas públicas.
2) Bioética humana, la cual estudia las intervenciones que se realizan sobre la vida humana (bioética clínica humana) y cómo se debe investigar con las vidas humanas (bioética de la investigación humana).
3) Bioética con los animales no humanos (clínica y de la investigación).
4) Bioética vegetal, que estudia el comportamiento que debemos tener con el reino vegetal.
5) Bioética global (según la terminología de V. R. Potter), medioambiental o ecológica, que aborda la vida y su entorno de forma global, es decir, el medio ambiente y los recursos naturales.

Tabla. Ámbitos dentro de la bioética

Ámbito	Definición	Subámbitos
1. Bioética filosófica, teórica o fundamental	Estudio de las teorías éticas que se aplican en bioética y del fundamento filosófico que subyace a la toma de decisiones.	• Fundamentación de las decisiones concretas • Fundamentación de las políticas públicas
2. Bioética humana	Estudio ético de las intervenciones y de la investigación que se realiza con la vida humana.	• Bioética clínica humana • Bioética de la investigación humana

3. Bioética con los animales no humanos	Estudio ético de las intervenciones y de la investigación que se realiza con la vida animal no humana.	• Bioética clínica con los animales no humanos • Bioética de la investigación con los animales no humanos
4. Bioética vegetal	Estudio ético de las intervenciones y de la investigación que se realiza con la vida no animal.	• Bioética vegetal • Bioética de la investigación con los vegetales
5. Bioética global, medioambiental o ecológica	Estudio ético global (ecológico) de la vida y su entorno.	

¿Qué es la bioética clínica?

Una disciplina también histórica

La bioética humana ha producido dos líneas de desarrollo, bioética clínica y bioética de la investigación. La bioética clínica se ocupa de los problemas morales derivados de la intervención médica sobre la vida humana, es decir, de los problemas éticos que se producen en la medicina asistencial. Daniel Callahan señalaba cómo «desde los albores de la historia, los sanadores se han visto obligados a luchar con el miedo humano a la enfermedad y a la muerte, y con los límites impuestos por la finitud humana». En la práctica clínica se producen multitud de problemas éticos, algunos ya narrados en tiempos de Hipócrates. Pero ahora son más evidentes, debido a la complejidad de la medicina actual, con numerosas intervenciones biotecnológicas, sistemas sanitarios fragmentados y la presencia de actores (usuarios, profesionales, gestores) con diferentes escalas de valores.

La bioética clínica es también una disciplina histórica. Forma parte del movimiento de la bioética que comenzó en los años setenta, en concreto para dar respuesta a los nuevos retos que se planteaban en medicina. Para servir de puente entre el mundo de los valores y el de los hechos (biomédicos). David Thomasma la denominaba, como otros en los años setenta, *ética médica*. Para D. Thomasma es el campo que estudia los problemas morales creados por la práctica de la medicina actual.[24] Dado que los problemas clínicos habían cambiado respecto a tiempos pretéritos, la ética que se aplicaba también debía hacerlo. En palabras de D. Callahan: «La bioética representa una transformación radical de la práctica más antigua y tradicional de la ética médica».

La bioética clínica es una ética aplicada a la medicina. Tiene como objetivos analizar y responder a los conflictos de valor que aparecen en la práctica asistencial. Mark Siegler especifica que sus objetivos son mejorar la atención al paciente y sus resultados, porque mejorando las decisiones clínico-éticas mejora la calidad de la asistencia sanitaria. Para hacerlo, hay que ayudar a los médicos y a otros profesionales sanitarios a que sepan identificar y responder a los desafíos clínico-éticos que surgen durante la atención de los pacientes.[25] En un artículo de 1990,[26] Mark Siegler, Edmund Pellegrino y Peter A. Singer insisten en esta idea: el objetivo central de la ética clínica «es mejorar la calidad de la atención al paciente mediante la identificación, el análisis y la contribución a la resolución de los problemas éticos que se presentan en la práctica cotidiana de la medicina clínica».

Niveles de decisión en bioética clínica

Cuando se habla de *bioética clínica*, en general nos referimos a las reflexiones de los profesionales y a la toma de decisiones con

---

24 Thomasma DC. *Theories of Medical Ethics: The Philosophical Structure*. En: Military Medical Ethics, vol. 1. US Army; 2003. 23-59.

25 Siegler M., *Clinical Medical Ethics: Its History and Contributions to American Medicine*. J Clin Ethics. 2019 Spring;30(1):17-26.

26 Singer PA., Pellegrino ED., Siegler M. Ethics Committees and Consultants. J Clin Ethics. 1990;1(4):263-267.

los pacientes. Para Daniel Callahan la ética clínica «se refiere a la toma de decisiones morales del día a día por parte de quienes atienden a los pacientes. Debido a ese contexto, típicamente se enfoca en el caso individual, buscando determinar qué se debe hacer aquí y ahora con un paciente».[27] Según este punto de vista, la bioética clínica trata las decisiones morales de la medicina desde una perspectiva concreta: estando al lado del paciente. Este planteamiento netamente asistencial y práctico es similar al de Mark Siegler, para quien la ética clínica es un «campo práctico que ayuda a los pacientes, las familias y profesionales de la salud a tomar buenas decisiones clínicas, teniendo en cuenta los hechos médicos de la situación, las preferencias y valores del paciente y de la familia».[28]

No obstante, la bioética clínica, como cualquier ética aplicada, dirime sus problemas tanto en el ámbito público (políticas públicas) como en el privado (toma de decisiones concretas). David Thomasma indica que hay, al menos, tres ramas distintas en la ética médica: la ética médica de las políticas públicas, que aborda cuestiones amplias de naturaleza social (nivel macro); la ética médica aplicada, que analiza la aplicación de la ética médica a los interrogantes médicos de los profesionales (nivel meso); y la ética clínica, que trae los dos niveles anteriores al lado de la cama del paciente (nivel micro). En el primer nivel se encuadraría, por ejemplo, la deliberación pública acerca de si se debe regular la eutanasia; en el segundo, las discusiones y reflexiones de los profesionales acerca de la eutanasia; en el tercero, la solicitud de eutanasia de un paciente a un profesional. Los tres niveles deben estar

27   Callaham D. *Bioethics*. En: Encyclopedia of Bioethics, Reich W (editor). Nueva York: Macmillan Reference USA; 2004 (3.ª edición). 278-279.

28   Siegler M. *La importancia del aspecto práctico y clínico de la ética en la formación de los profesionales de la salud. La experiencia del McLean Center for Clinical Medical Ethics*. En: Educar en bioética al profesional de ciencias de la salud, Herreros B, Bandrés F (editores). Madrid: Además Comunicación; 2010. 47-48.

en mutuo equilibrio, contribuyendo en conjunto al análisis de las cuestiones éticas de la medicina.

Los niveles en bioética clínica de David Thomasma se pueden matizar, especialmente a la luz del concepto de *microética clínica*,[29] introducido por Paul Komesaroff.[30] Este concepto está estrechamente ligado a las ideas aristotélicas de virtud y carácter. La microética clínica se produce en el intercambio humano cotidiano. Sucede en tiempo real, durante el encuentro clínico, de forma rápida y espontánea, muchas veces inconscientemente. En la relación clínica cotidiana entran en juego de forma natural los valores y virtudes morales de aquellos que interactúan; su carácter. Depende, por tanto, de su experiencia y del bagaje previos. La relación clínica, donde sucede la microética clínica, es el vehículo de virtudes y valores como la escucha, la comprensión, el respeto al otro, la capacidad de acordar decisiones compartidas, etc.

Sintetizando las propuestas de David Thomasma y Paul Komesaroff, en bioética clínica existe un nivel público (macro), otro profesional (meso) y un nivel privado/concreto (micro). El primer nivel aborda las discusiones y políticas públicas; las normas y leyes. El nivel meso son las instituciones, tanto profesionales (sociedades, colegios, asociaciones) como los centros asistenciales, que pueden marcar pautas generales para el manejo de los problemas de la praxis diaria. Ambos niveles influyen en el micro, donde se producen las decisiones con los pacientes. Hay decisiones que permiten una deliberación calmada, por ejemplo, consultar a un comité de ética, mientras que otras se producen durante la relación directa, «a pie de la cama» (la microética clínica de Paul Komesarof).

---

29 Sisk B, Dubois JM. *The Microethics of Communication in Health Care*: A New Framework for the Fast Thinking of Everyday Clinical Encounters. Hastings Cent Rep. 2022 jul.;52(4):34-43.

30 Komesaroff PA. From *Bioethics to Microethics: Ethical Debate and Clinical Medicine*. En: Troubled Bodies: Critical Perspectives on Postmodernism, Medical Ethics, and the Body, Komesaroff PA (autor). Durham: Duke University Press; 1995. 62-86.

Tabla. Niveles en bioética clínica

Nivel	Definición	Actores
Macroética clínica	Discusiones y políticas públicas; incluye las leyes y normas generales.	• Ciudadanía, incluidos los profesionales sanitarios. • Medios de comunicación. • Instituciones políticas.
Mesoética clínica	Discusiones/normas de las instituciones (sanitarias y profesionales).	• Organismos profesionales (sociedades, asociaciones, colegios). • Centros sanitarios asistenciales.
Microética clínica	Toma de decisiones durante la práctica asistencial; tanto las decisiones que permiten una deliberación calmada como la microética cotidiana de P. Komesaroff*.	• Profesionales sanitarios. • Pacientes, familiares y allegados.

*Microética clínica de Paul Komesaroff: interacción directa a tiempo real durante la relación clínica.

¿Medicina o ética?

Hay una última cuestión acerca de la bioética clínica. ¿Es una rama de la bioética (de la ética) o de la medicina? Para Mark Siegler,[31] es una disciplina más de la medicina, como la cardiología y la oncología. Se trataría de una parte intrínseca de la medicina, no de una rama de la bioética ni de la filosofía moral. Por este motivo, M. Siegler la denomina *ética médica* o *ética médica clínica*, en lugar de bioética clínica. Argumenta que el corazón de la ética médica es la relación de los pacientes con médicos, por lo cual debe ser aplicada

---

31   Ibid. 48-49.

por los médicos en su práctica diaria y no por bioeticistas no clínicos. Desde este punto de vista, el método de análisis y de toma de decisiones sería similar al de la práctica clínica —la realización de una historia clínica—, pero incorporando a ella los valores y las preferencias de los pacientes, tanto en el análisis de los problemas como en la toma de decisiones. Joseph Fins, de acuerdo con esta postura, indica que hasta su terminología (diagnóstico diferencial, indicaciones, seguimiento) es común con la medicina clínica.[32]

Otros autores, tal vez la mayoría, consideran que la bioética clínica es una rama de la bioética y, por tanto, de la filosofía moral. Al ser un tipo más de ética aplicada, se pueden especializar y trabajar en ella, además de los clínicos, especialistas en ética con formación en medicina. Esta es la postura, por ejemplo, de Albert R. Jonsen, para quien «la bioética ha madurado hasta convertirse en una forma menor de filosofía moral practicada dentro de la medicina».[33] Este planteamiento sustentaría que se aplique el método general de la ética, la deliberación, al tomar decisiones. Al deliberar habría que incorporar los aspectos clínicos, inherentes a la medicina. En realidad, bajo una u otra postura se llega al mismo lugar. La bioética clínica es parte de la ética y también de la medicina. Y para tomar decisiones, se deben incorporar, mezclar, los dos ámbitos. Hay que mezclar las metodologías propias de la medicina (historia clínica) y de la ética (deliberación).

Características de la bioética clínica

La bioética clínica es una ética aplicada a la vida humana, que pretende analizar y resolver de la mejor manera posible los problemas morales que aparecen al manipularla. De acuerdo con esta conceptualización, algunas de sus características son:

---

32 Fins JJ, Miller FG. *Clinical Pragmatism, Ethics Consultation, and the Elderly Patient.* Clin Geriatr Med. 2000 febr.;16(1):71-81.
33 Jonsen AR. *The Birth of Bioethics.* Hastings Cent Rep. 1993 nov.-dic.;23(6):S1-4.

- *Complejidad.* Los conflictos éticos en medicina involucran, entre otros: aspectos clínicos, es decir, los hechos científicos y biológicos (diagnóstico, pronóstico, tratamiento, datos de la investigación); aspectos contextuales, como las cuestiones sociales y culturales; aspectos éticos, por tanto, los valores, principios, normas o virtudes morales implicados; normativas y regulaciones, sean legales o profesionales. Para analizar los problemas y tomar decisiones se debe considerar todo ello en su conjunto, el mundo fáctico (clínico y contextual), el normativo y el moral.
- *Multidisciplinariedad.* Los análisis deben hacerse desde la complejidad y, por ende, de forma multidisciplinar. La complejidad de la disciplina va unida a su multidisciplinariedad. Para decidir hay que tener en cuenta el criterio de los profesionales, del paciente y del resto de actores implicados en la decisión. Los aspectos clínicos son manejados por sanitarios, pero hay aspectos científicos que pueden requerir el concurso de biólogos o de farmacéuticos; el análisis ético es propio de la filosofía y, en función del caso, deberán participar trabajadores sociales, juristas, psicólogos, sociólogos o quienes sea preciso.
- *Pluralidad.* Las sociedades democráticas reconocen la pluralidad de valores de sus ciudadanos. Cada uno es dueño de su propio proyecto de vida. En los conflictos bioéticos, cada participante observa el problema desde un prisma de valores diferente. El reconocimiento de la pluralidad de valores y preferencias es contrario al criterio de autoridad, a través del cual alguien impone su punto de vista. Los valores, ideas o creencias de todos los implicados tienen que formar parte de la deliberación, sin que nadie pueda imponer su posición particular. Respecto a los debates públicos (macroética), para que sean plurales no deben obedecer a ninguna ideología ni confesión particular. Tienen

que permitir la diversidad de valores. Esto no significa que, en las deliberaciones, tanto privadas como públicas, no se considere la opinión de los expertos, de aquellos que son una «autoridad» (intelectual, científica) en una materia. Pero dicha consideración ha de realizarse desde una posición de igualdad y de respeto mutuo.

- *Racionalidad.* La bioética no puede quedarse en el mero respeto a los puntos de vista. Como hay que actuar, es preciso argumentar y dar razones sobre la mejor decisión. Los participantes de las decisiones —privadas y públicas— tienen que exponer sus argumentos para alcanzar entre todos, una decisión razonada, lo cual permite justificar la decisión.

- *Finalidad práctica.* El nivel de la microética clínica, que es al que se destina este libro, constituye su parte práctica. En bioética clínica se busca dar la mejor respuesta posible a los problemas morales que surgen en la asistencia sanitaria. No se trata de realizar un mero análisis de los problemas, sino de especificar cómo debe ser la toma de decisiones concreta.

- *Procedimental.* Para respectar la pluralidad, para ordenar la complejidad (la multidisciplinariedad) y para cumplir con su finalidad práctica, en bioética clínica se tienen que establecer procedimientos para decidir. Estos tienen que incorporar los factores que influyen en el problema y a los participantes de la decisión. Existen procedimientos teóricos (teorías morales, guías éticas) y operativos (comités, consultoría, mediación). Los procedimientos operativos, como los comités de ética, intermedian entre las partes para resolver los problemas.

- *Transparencia.* Las decisiones, para que no haya trampas ni subterfugios, tienen que ser transparentes. Aquellos afectados por la decisión deben conocer cómo (el procedimiento), por qué (la justificación) y quién (un comité o quien sea) ha tomado la decisión.

ÉTICA DE LA BIOÉTICA

La bioética clínica es una ética aplicada a la medicina. Antes a analizar su vertiente práctica, es imprescindible aclarar qué es la ética y qué teorías éticas se han aplicado a esta disciplina.

¿De qué trata la ética?

El término *ética* ha tenido cambios semánticos a lo largo de la historia, de lo que se deduce que puede entenderse de diferentes maneras. Por si fuera poco, se trata de un concepto intercambiado con frecuencia con el término *moral*. Es habitual asociar la moral con las normas de conducta de un grupo humano, por lo que la moral se consideraría particular. La «moral romana», por ejemplo, era diferente de la «moral cristiana». La ética, sin embargo, hace referencia a la forma de establecer las normas, a su fundamento filosófico. Existe una ética utilitarista, que se basa en los resultados de las acciones, o una ética deontologista, fundada en principios éticos *a priori*. También se ha asociado la ética con las normas individuales de cada persona: la ética de Juan es diferente de la de María, porque para Juan la libertad es lo más importante, mientras que para María es la igualdad. A pesar de estos ejemplos, no hay consenso sobre cómo diferenciar ética de moral. Su noción depende del autor y, además, muchas veces se usan indistintamente. Si atendemos a su etimología, se comprende por qué. *Ética* proviene del griego *ethos*, «carácter», «hábito» o «costumbre». La *ética*, según Ferrater Mora,[34] ha sido definida como la doctrina de las costumbres, ya sean de un individuo (ética individual) o de un grupo social. *Ética* se trasladó al latín como *morālis*, «moral», y, al igual que la *ética*, también se refiere a las costumbres y a la manera de vivir.

---

34   Ferrater Mora J. Ética. *En: Diccionario de filosofía*, tomo I, A-K. Buenos Aires: Editorial Sudamericana; 1964. 594-599.

Ética y *moral* poseen una etimología similar, que hace referencia a las costumbres y los hábitos. Los hábitos y las costumbres generan normas (patrones, modelos, reglas) de comportamiento, que pueden ser individuales o de un grupo. Marcan cómo debemos conducirnos y comportarnos en la vida. Aquí aparece el verbo que articula la ética: *deber*. Las normas éticas, el patrón de comportamiento de un sujeto o de una comunidad, señalan cómo se debe actuar. La ética no es una mera descripción de costumbres, sino que aspira a lo bueno y a lo mejor, a cómo deben ser las cosas. La ética es la máxima expresión de la libertad humana, porque al tomar decisiones y ejercer la libertad se van estableciendo hábitos, costumbres y normas. La ética traduce el vínculo que hay entre libertad, decisión y norma (hábito o costumbre). Conocer los hábitos y normas de un sujeto o de una comunidad, sus costumbres y comportamientos, es conocer su ética. La ética de alguien no es lo que dice, sino lo que hace. Está en la acción.

La ética es la máxima expresión de la libertad humana. Trata de responder a la pregunta «¿qué debo hacer?» (para hacer el bien o, en una situación concreta, lo correcto). Al tomar decisiones y ejercer la libertad, se establecen hábitos y costumbres; se marcan las normas de comportamiento. Por este motivo, hay un presupuesto para la ética, que quien decida sea autónomo (que tenga capacidad de raciocinio y voluntad) y libre (que pueda escoger qué hacer). Sin embargo, no todas las decisiones, hábitos y normas son éticas. Por ejemplo, decidir jugar al baloncesto en lugar de al fútbol no es una decisión ética. ¿Qué hace que una decisión o un juicio sean éticos? La aspiración hacia el bien o lo bueno; que existan bienes o valores morales en juego. Cuando es así, estos se deberían respetar. Las normas y costumbres son consecuencia de ello, porque al decidir día a día, por ejemplo, respetar el valor igualdad, adquirimos la costumbre de tratar a todos como iguales, lo cual deriva en una norma moral: «Trata a todos los seres humanos como iguales, sin privilegiar clase social, raza ni religión».

La cuestión nuclear en ética es dirimir cómo se tiene que ejercer la libertad y decidir; qué debemos hacer. Cómo se establecen las normas —las costumbres— que nos llevan actuar de una manera concreta. La respuesta es, *a priori*, sencilla: haciendo lo bueno. Lo que no es tan sencillo es determinar qué es lo bueno en una situación concreta. Esto último, la justificación de las normas de comportamiento, se ha realizado de diferentes maneras a lo largo de la historia.

Justificación de la ética

Los primeros escritos de la humanidad muestran cómo los humanos siempre se han cuestionado por el origen de las normas morales, por la forma de fundamentarlas. El *Poema de Gilgamesh* de los acadios (tercer milenio antes de nuestra era), las obras de Homero (VIII a. C.), el Antiguo Testamento judío (recopilado en torno al V-VI a. C.) o las tragedias griegas contraponen las normas humanas con las divinas, trasladadas estas muchas veces a los gobernantes. El origen de la norma estaba en los dioses. En *Antígona* (441 a. C.), Sófocles plantea si es correcto obedecer las normas del rey —y de los dioses— cuando estas son contrarias a la razón o a las convicciones humanas. En pleno apogeo de las tragedias griegas, los presocráticos fundaron la filosofía occidental. Según H. Diels y W. Kranz, «crearon una nueva actitud racional ante la explicación del mundo»[35]. *Presocrático* no es un término cronológico, ya que algunos *presocráticos* son coetáneos de Sócrates. Más bien significa anteriores a los socráticos, especialmente a Platón y a su escuela. Una característica de los socráticos es la preocupación por justificar racionalmente las costumbres y normas de comportamiento, lo que se denominará *ethos*. La ética se inauguró como disciplina cuando Sócrates y Platón,

---

35   Diels H, Kranz W. *Fragmentos presocráticos de Tales a Demócrito*. Madrid: Alianza Editorial; 2023 (6.ª edición). 13-14.

ante el colapso de la moralidad popular, incapaz de proporcionar razones para justificar racionalmente la moral, emprenden la búsqueda de dichas razones.

En Grecia, la norma a seguir era la naturaleza o *physis*, también en *ética*. Cuando Sócrates y Platón se preguntan por la forma correcta de actuar, cuestionan las normas establecidas y proponen las suyas propias. Por ejemplo, que se deben priorizar las ideas más elevadas (el bien) o que el interés de la comunidad está por encima del particular (*La República*). No obstante, es Aristóteles (384-322 a. C.) quien sistematizó la ética. Su ética ha sido denominada *de las virtudes* o *de la eudaimonía*. El fin último de la vida humana es alcanzar la *eudaimonía* (*eu*, «bueno»; *daimōn*, «espíritu»), que podría traducirse como plenitud o vida buena. La *eudaimonía* se obtiene obrando bien, ajustándose con la naturaleza de cada uno: «Vivir bien y obrar bien es lo mismo que ser feliz». Para ser feliz hay que practicar las virtudes. La virtud (*aretē*) conduce a la *eudaimonía*: «Las que determinan la felicidad son las actividades de acuerdo con la virtud, y las contrarias, lo contrario». Las virtudes éticas —justicia, amistad o valor— se dan en la práctica. Son virtudes de hábito o tendencia que se dirigen a conseguir un fin, en última instancia, a alcanzar la *eudaimonía*. Ayudan a la vida social y a ordenar el Estado. Las virtudes *dianoéticas* (sabiduría, prudencia o inteligencia), sin embargo, son intelectuales.

Desde Aristóteles la ética se ha ido interpretando de diferentes maneras. En Roma se continuó con la justificación naturalista. La *physis* era el modelo, la norma que seguir. El ser humano, como un elemento más de la naturaleza, debe dirigir su vida a encontrarse con su auténtica naturaleza. La *physis* es absoluta, también respecto a las acciones humanas. Como lo correcto es el ajuste con la naturaleza, la norma —en latín *normalis*— es aquello que se halla en su estado natural. Junto al aristotelismo, en Roma sobresalía el estoicismo. Este proponía que la virtud depende, sobre todo, de los méritos del individuo, desligándola de la fortuna.

Si el universo grecolatino proponía una ética naturalista, el medieval trajo una ética teónoma, en la que Dios —y no la *physis*— era el fundamento de las normas morales. Se adaptaron las virtudes aristotélicas al cristianismo, tomando además ciertas normas de otras escuelas helénicas, sobre todo del estoicismo y del neoplatonismo, porque convergían con determinados postulados del cristianismo. La escolástica de finales del medievo mezclaba, muchas veces artificiosamente, la ética griega, especialmente el aristotelismo, con la doctrina cristiana. Las éticas teónomas son heterónomas, porque buscan la norma moral fuera del ser humano: *heteros* («otro»), *nomos* («ley»). Es otro quien da la ley moral, sea Dios o los textos sagrados. En las éticas autónomas, iniciadas por Sócrates[36] y cristalizadas en la modernidad por Kant, es el propio ser humano quien indaga y piensa por sí mismo qué es lo correcto, cuál es la norma moral.

A partir del Renacimiento y, primordialmente, en la Modernidad, se replantea la ética. Los humanos se enfrentaron a nuevos problemas: aparición del Estado moderno, que modificaba la relación del individuo con la sociedad; revolución científica, que trajo novedades que trastocaban creencias hasta entonces incuestionables; descubrimiento del Nuevo Mundo; convivencia con la diversidad, fuera religiosa o étnica. Si los hechos (el contexto) cambian, la ética también lo hace, por lo que en la Modernidad fue preciso fundamentar las normas morales de otra manera. Una característica de esta época es que se sitúa al ser humano en el centro, en lugar de a la *physis* o a Dios. Las nuevas éticas que aparecen planteaban diferentes maneras de fundamentar las normas morales, sin necesidad de mirar a la naturaleza ni

---

36   NOTA DEL AUTOR. Desde la antigüedad, con diferentes nomenclaturas, se ha hablado de una ética individual y de una ética social, vinculada a la política. Según J. L. Aranguren (Ética), Platón y Aristóteles conciben la ética como arte de la política, buscando las normas comunes para la vida social. Sin embargo, Sócrates tenía una comprensión más individualista de la moral. Cada humano debe indagar por sí mismo qué debe hacer.

a Dios. Las facultades humanas, la razón, era capaz de justificar la moral. Algunas corrientes destacadas son el racionalismo (poseemos ideas morales innatas, accesibles a la razón), el emotivismo (los juicios morales son juicios de los sentimientos), el intuicionismo (la «conciencia moral» nos permite captar la moralidad de la acción) o el utilitarismo (lo que importa es la utilidad de las acciones, las consecuencias).

En el siglo XVIII Immanuel Kant (1724-1804), continuador de la corriente racionalista, sacudió la ética. Intentó contrarrestar las éticas anteriores, porque muchas eran heterónomas o estaban basadas en sistemas de bienes y virtudes escogidos arbitrariamente. El intuicionismo y el emotivismo, por ejemplo, no explicaban por qué unas normas son mejores que otras. Es una cuestión de «sentimiento» o de «conciencia moral». Para Kant, los actos involuntarios, por la fuerza, por coacción externa o por inercia, no son propiamente morales. La ética ha de ser autónoma. El ser humano tiene que darse a sí mismo, de forma consciente y voluntaria, la norma moral. Kant quiso construir una ética formal universal, basada exclusivamente en la razón, de manera que las normas no se escogieran arbitrariamente. Su fruto fue justificar la ética a través del imperativo categórico.

En los siglos XIX y XX persistieron las corrientes anteriores (naturalismo, racionalismo, emotivismo, intuicionismo, utilitarismo) y surgieron más formas de justificar la ética: pragmatismo, existencialismo o filosofía analítica. Una característica de esta época es que la ética se desligaba poco a poco de la religión. Para que esto sucediera, fueron definitivos los denominados, por Paul Ricoeur, *filósofos* o *maestros de la sospecha*:[37] Karl Marx (1818-1883), Friedrich Nietzsche (1844-1900) y Sigmund Freud (1856-1939). Siendo muy diferentes, coinciden en la crí-

---

37   Ricoeur P. Freud: *Una interpretación de la cultura*. Madrid: Siglo XXI Editores; 1965 (8.ª edición). 31-33.

tica a las convenciones irracionales (la religión) y a las normas sociales carentes de fundamento. Los tres contribuyeron a demoler muchos de los planteamientos éticos precedentes. Marx con su filosofía de la acción (*praxis*) y sus propuestas igualitaristas, Nietzsche criticando los valores tradicionales y proponiendo un nuevo hombre libre y Freud liberando al ser humano de prejuicios, para dejarlo solo ante sí.

En la postmodernidad, a finales del siglo XX, las grandes ideologías y sus sistemas éticos decayeron. Se cuestionó la existencia de una moral universal, válida para todos. El relativismo se hizo presente: la ética no se puede fundamentar, es una cuestión privada que depende de las prioridades de cada uno. Si no es posible encontrar normas ni principios éticos sólidos, ¿todo vale?, ¿la ética es mero subjetivismo? En este contexto de pluralidad ética, bautizado por Zygmunt Bauman como «modernidad líquida», ha cobrado vigencia el enfoque axiológico. Para la axiología, fundamentada por Max Scheler (1874-1928), la ética trata sobre los valores. Los conflictos éticos son conflictos entre valores. Esta teoría permite reconocer la pluralidad de bienes (valores) y de cosmovisiones. Pero también realizar propuestas racionales, para que las decisiones morales se puedan justificar en función de los valores en juego.

Llegamos así al presente, donde encontramos reminiscencias de las diferentes justificaciones que ha tenido la ética. Convivimos con fundamentaciones basadas en las virtudes, con variantes del naturalismo, del utilitarismo, del emotivismo o del deontologismo, que representa, en parte, el racionalismo y el idealismo. Con la filosofía analítica, el pragmatismo y la axiología. Muchas veces, además, mezclados. Algunas de estas teorías han ayudado a justificar la «ética de la bioética».

Teorías éticas

Las teorías éticas proponen formas diferentes de fundamentar y justificar las decisiones morales. Para hacerlo, hay que averiguar qué bienes o valores son prioritarios. Cuáles nos deben mover a tomar una decisión y a comportarnos de una determinada manera. Además, como junto a los bienes existen más factores (hechos, emociones, otros individuos), se tiene que establecer de qué manera se combinan todos ellos para tomar las decisiones. Cómo se ordenan para que una decisión esté adecuadamente justificada.

A continuación, se exponen las teorías éticas que más se han aplicado a la bioética. Las éticas de las virtudes o *eudeimonistas* fundamentan las normas morales en las virtudes del carácter, que son el medio para alcanzar el fin de la vida humana: la vida buena, plena o felicidad. Para las éticas deontologistas o principialistas se deben seguir unas normas racionales —principios, imperativos— definidas *a priori*. Por su parte, las éticas consecuencialistas o teleológicas consideran que la norma es buscar el mejor resultado en términos morales. La casuística y el pragmatismo, siendo distintos, coinciden en que no comienzan por las normas, sino por las circunstancias concretas del problema. El emotivismo y el intuicionismo, trascendentales en la historia del pensamiento, han tenido menos repercusión en bioética.

Tabla. Principales teorías éticas aplicadas en bioética

Fundamento de la ética	Explicación	Teoría
Virtudes de la persona	Las virtudes del carácter hacen que el comportamiento sea correcto.	• Éticas de las virtudes
Normas morales racionales	Se pueden argumentar y consensuar las normas morales.	• Deontologismos • Consecuencialismos
Normas morales irracionales	Las normas morales dependen de cada sujeto; son particulares.	• Emotivismo • Intuicionismo

| Las circunstancias establecen cuál es la mejor norma | No hay normas *a priori*, sino que dependen de las circunstancias. | • Casuística
• Pragmatismo |

*El intuicionismo apenas ha repercutido en bioética, por lo que no será analizado.[38]

Para comprender mejor estas teorías, es necesario conocer cómo establecen el bien moral —aquello a lo que se debe aspirar y que debe orientar las decisiones— y, en función de ello, cómo se tiene que actuar. También hay que conocer las limitaciones y problemas de cada teoría, porque ninguna es perfecta.

Éticas de las virtudes

La primera teoría ética la esbozó Aristóteles en Ética a Nicómaco. La ética de las virtudes establece cuál es el fin último de la vida y, en función de él, el tipo de persona que se debe ser. Para Aristóteles, existe una naturaleza humana común que nos lleva a buscar su fin propio (en griego, *telos*), la *eudaimonia*. La *eudaimonia* ha sido traducida como vida plena —porque actuar bien es placentero— y también como felicidad. Para conseguirla, se tiene que desarrollar la *aretē* («excelencia», «virtud»). Las virtudes son el medio para alcanzar la *aretē* y, por tanto, la *eudaimonia*. Una virtud es el término medio entre dos extremos viciosos;

---

38   NOTA DEL AUTOR. Para el intuicionismo, decidimos basándonos en las primeras impresiones. La "intuición moral", concepto muy oscuro, establece las preferencias y prioridades. Existen diferentes variantes, la teleológica de George E. Moore (la intuición atiende a lo más útil), la deontológica de David Ross (los principios se conocen de forma inmediata o intuitiva) o el intuicionismo del sentido común de Henry Sidgwick. John Rawls en Teoría de la justicia (1971) explica que el intuicionismo no dispone de un método para establecer prioridades racionales entre posibles opciones. Los principios y, en general, el criterio moral, no debería dejarse al albur de las primeras intuiciones o de las emociones, a pesar de que ambas tienen un papel en la vida moral. Como alternativa, J. Rawls postula el constructivismo ético, la construcción racional de unos principios morales.

entre el defecto y el exceso. Por ejemplo, la valentía es el término medio entre la cobardía y la temeridad. Las virtudes son hábitos, rasgos del carácter, adquiridos por esfuerzo y voluntad. El hombre que posee *aretē*, que es virtuoso, tenderá a hacer lo correcto en cada momento, porque su carácter ético lo predispone a actuar adecuadamente. Aristóteles y también otros pensadores posteriores describieron cuáles son las virtudes que permiten alcanzar la *aretē*.

La virtud gozó de fuerza normativa mientras el bien se fundamentaba en ella. Desde la modernidad, aunque las éticas de las virtudes han persistido, han ido siendo desplazadas por otras teorías, como el deontologismo, el utilitarismo o el emotivismo. En el siglo XX se intentaron restaurar las éticas de las virtudes. La reconstrucción es complicada, porque habría que acordar cuál es el fin (el *telos*) de la vida humana. En medicina no es tan difícil, porque su *telos* está definido por la propia actividad: el cuidado de la salud, por lo que se deben desarrollar las virtudes que contribuyen a ello.

¿Cuál es el bien moral?

El objetivo de la vida humana es la *eudaimonía*, la vida buena o, simplificándolo, la felicidad. Es el fin último que le da sentido. Aristóteles señala que, además de este *telos* general, los humanos poseen fines particulares, los propios de su actividad o profesión. Por ejemplo, el fin de la medicina es la salud, por lo que el médico deberá desarrollar las virtudes que le ayuden a conseguir la salud de sus pacientes.

¿Qué debemos hacer?

Para poseer la *aretē* y alcanzar la *eudaimonía*, se deben practicar las virtudes. Son el medio para alcanzar la excelencia y, como consecuencia, la vida plena. Como además del fin general de la

vida humana hay fines particulares, cada actividad tiene sus propias virtudes. Son el medio para alcanzar los fines particulares.
La compasión, por ejemplo, es una virtud para conseguir la salud.

Problemas de las éticas de las virtudes

Además de que es dudoso que se pueda determinar cuál es el
fin de la vida humana, todos los listados de virtudes son discu-
tibles. No agotan la complejidad de la realidad. Sin olvidar que
se escogen en función de los presupuestos del autor, de su cultura o comunidad. Por otro lado, poseer virtudes no significa que
se sepan resolver los problemas morales, más aún si se vive en
comunidad, donde existen diferentes caracteres (*ethos*), cada uno
con sus propias virtudes. Por este motivo, junto a las virtudes, se
precisan normas morales.

Éticas deontológicas

Las éticas deontológicas son fruto de la tradición racionalista y
del idealismo. Han sido también denominadas *del deber* y *principialistas*, dado que consideran que el deber se puede establecer *a priori*. Plantean que la moral consiste en cumplir un deber
(normas, imperativos, principios), que se puede establer por la
razón. *Deontología* es un término de origen griego cuyo significado es el estudio (*logos-logia*) del deber o de lo que es necesario (*deon-deontos*). Parece que el primero en utilizar este término
fue Jeremy Bentham, en textos como *Deontology or the Science
of Morality* (1835).[39] Según el filósofo inglés, la deontología es la
rama de la ética que estudia los fundamentos del deber y de las
normas morales. A pesar de que las normas éticas (el deber) se
pueden establecer de diversas formas (J. Bentham era utilitarista),

---

39   Bentham J:, en textos como *Deontology or the Science of Morality* (1835).

las éticas basadas en normas y principios definidos *a priori* han terminado por denominarse deontológicas.

Estas éticas critican que las éticas de las virtudes escogen sus virtudes, si no caprichosamente, al menos sin un criterio racional. También critican las éticas heterónomas, porque al seguir las normas de una religión (éticas teónomas) o, simplemente, las costumbres, carecen igualmente de fundamento racional. Immanuel Kant pretendía que el criterio que rija la ética no sea hipotético, sino categórico. La razón humana puede encontrar principios, imperativos o normas incondicionales (categóricos), que no dependan de contingentes como la felicidad o los posibles resultados. El utilitarismo, aunque es racional, usa un criterio hipotético (lo más útil, el mejor resultado). Para los deontologistas, la eudaimonía también es hipotética, porque se debe actuar correctamente, aunque no se sea feliz. Para que las normas sean aceptadas por todos (universalidad), Kant propuso una ética formal: la forma de la norma establece su universalidad. Su fruto es el imperativo categórico, «obra solo según aquella máxima según la cual puedas querer que al mismo tiempo se convierta en ley universal». Las éticas deontológicas identifican el deber *a priori*; en el caso de Kant, cumplir el imperativo categórico.

¿Cuál es el bien moral?

Las normas o principios, justificados racionalmente, que deben guiar nuestras acciones y decisiones. Son imperativos (del latín *imperativus*, lo que ordena o manda), porque mandan lo que se debe hacer.

¿Qué debemos hacer?

Seguir los principios morales identificados. Es un mandato. Los deontologismos emplean un razonamiento deductivista: desde las normas y principios generales establecidos *a priori* se deduce lo que se tiene que hacer en la situación concreta.

Problemas del principialismo

Establecer normas *a priori* puede conducir a cierto rigorismo moral, donde la norma es lo primordial, con independencia de las circunstancias, de los intereses en juego o de las consecuencias. Este planteamiento reduce la ética a un conjunto de reglas deducidas desde los principios, olvidando otros componentes esenciales de la ética, como las circunstancias, las emociones o las posibles consecuencias.

Éticas consecuencialistas

Las éticas consecuencialistas consideran que la mejor decisión es la que obtiene el mejor resultado. Aquella que trae las mejores consecuencias. Según Richard M. Hare,[40] debemos convertirnos en buenas personas y cumplir con nuestros deberes, no por sí mismos, sino porque hacerlo conducirá a obtener el mayor bien. Los consecuencialistas se centran en el resultado, en el fin último (el *telos*) de la acción, por lo que son éticas teleológicas. Más que respetar principios o normas establecidos apriorísticamente, atienden a las consecuencias de los actos. Peter Singer[41] explica que los consecuencialistas no empiezan con las normas morales, sino con los objetivos. Valoran los actos en función de si favorecen la consecución de dichos objetivos. Especifica que el utilitarismo es la teoría consecuencialista mejor conocida, pero no la única. El utilitarismo es un consecuencialismo no egoísta —el egoísmo ético busca el propio beneficio—, porque persigue el mayor bien para la mayor cantidad de personas.

Los principialistas tildan de relativistas a los utilitaristas, porque para estos no importan tanto los principios a respetar, sino la

---

40   Hare RM. *Medical Ethics: Can the Moral Philosopher Help?* En: Essays On Bioethics. Nueva York: Oxford University Press; 1993. 1-14.
41   Singer P. *Sobre la ética de* ética *práctica*. En: Ética práctica. Barcelona: Ariel; 1995. 1-18.

estrategia a seguir para lograr el mejor resultado. Sin embargo, P. Singer ataca fervientemente el relativismo subjetivista: la ética busca realizar juicios éticos desde un punto de vista universal y los intereses particulares de alguien —por ejemplo, sus principios morales— no pueden contar más que los intereses particulares de cualquier otro. La ética es relativa a la sociedad en la que a uno le ha tocado vivir y las acciones pueden estar bien en una situación (por sus buenas consecuencias) y mal en otra (por las malas consecuencias). Pero esto no significa que se pueda justificar cualquier opción porque dependa de la cultura, del punto de vista o del interés particular.

¿Cuál es el bien moral?

Para el utilitarismo, lograr la mayor cantidad de bienes y valores para la mayor cantidad de personas. El criterio de la moral está en el resultado, siendo lo mejor aquello que obtiene el mayor bien desde un punto de vista global.

¿Qué debemos hacer?

El utilitarismo es, ante todo, racional, aunque usa una racionalidad diferente a la del principialismo. Mientras que este coloca los valores (implícitos en sus principios y normas) antes de la acción, el utilitarismo los sitúa al final. Para los principialistas es primordial respetar determinados valores, mientras que para los utilitaristas lo prioritario es realizarlos. El deber concreto se establece calculando los resultados: se debe escoger aquello que traiga el mayor bien global, para la mayor cantidad de personas.

Problemas del consecuencialismo

Una ética únicamente de resultados podría destruir aspectos valiosos de la realidad, sencillamente porque el resultado final es más conveniente para todos. Si el principialismo puede conducir al rigorismo moral, el utilitarismo puede caer en una moral de conveniencias, aunque estas sean globales, olvidando que, con independencia del resultado, hay valores que se deben cuidar.

Emotivismo moral

Para el emotivismo la ética no se cimenta sobre la razón, como sucede con el principialismo y, sobre todo, con el utilitarismo, sino sobre los sentimientos. Contradice las teorías morales que se apoyan en la capacidad racional de los humanos para establecer qué es lo correcto, ya sea en términos de principios o de consecuencias.[42] Los enunciados morales expresan los sentimientos que genera un hecho:[43] agrado-desagrado, aprobación-desaprobación, simpatía-antipatía. Los juicios morales (bueno-malo, correcto-incorrecto) y las decisiones son el resultado del sentimiento de aprobación o desaprobación que causa un hecho (enunciado) moral.

David Hume, al diferenciar entre enunciados descriptivos y prescriptivos, fundó el emotivismo.[44] El filósofo escocés señalaba que solo los enunciados descriptivos son verdaderos o falsos, ya que describen lo que «es», los hechos del mundo y las relaciones entre ideas. Sin embargo, la bondad o la maldad —los predicados de la ética— no se encuentran en el mundo, sino que las recibimos empíricamente desde una acción. Del análisis de los

---

42   NOTA DEL AUTOR. Hallazgos de neurobiólogos señalan que, cuando procesamos una decisión, en el sistema nervioso se activan de forma previa o paralela determinadas áreas neurales. El emotivismo y el intuicionismo ético se han refrendado en parte por estos hallazgos, ya que antes de que una decisión sea consciente y de que se pueda realizar el análisis racional, se activan determinados circuitos neuronales implicados en las decisiones morales.

43   Velázquez JL. Ética analítica y ética aplicada. Cuaderno Gris. 1999; época III (4): 151-161.

44   Hume D. *Tratado de la naturaleza humana*. Libro tercero: De la moral, Parte II: ¿Es la justicia una virtud natural o artificial? Tecnos, Madrid, 1992 (2ª edición), 633-634.

hechos no se infieren juicios morales. No existen criterios racionales objetivos que permitan determinar si aquello que consideramos bueno es verdadero o falso. Los enunciados morales no describen lo que «es» (los hechos y las relaciones entre ideas), por lo que no son verdaderos ni falsos. Son enunciados prescriptivos, tratan sobre lo que «debe ser». Valoran los hechos del mundo, su maldad o bondad. Al fundarse en emociones y sentimientos, no están sujetos al análisis de la razón. Los sentimientos determinan la conducta humana; apoyan o rechazan una conducta. El utilitarismo surgió junto al emotivismo, porque para D. Hume somos seres sociales que nacemos con un sentimiento de simpatía hacia aquello que es útil a la sociedad.[45]

La filosofía analítica precisó las ideas de Hume, denominando a su moral *emotivismo*. Para Alfred Ayer y Charles L. Stevenson los juicios morales, las expresiones morales, son mera expresión de sentimientos.[46,47] No son verdaderos ni falsos, sino: 1) «pseudoproposiciones», en versión de A. Ayer: dan cuenta de las emociones que experimenta el sujeto ante cierto tipo de acciones; 2) expresiones «asignificativas», según C. L. Stevenson. Este autor da gran valor a las creencias, porque influyen en nuestras emociones-valoraciones y actitudes. Son expresiones que estimulan la acción.

¿Cuál es el bien moral?

Se establece entre todos por consenso. Es aquello percibido emocionalmente por todos como un bien o un valor. Lo que todos aprueban, porque contribuye a la felicidad, a que la vida humana sea agradable. Por este motivo, los sicópatas, aunque entienden

45   Sepúlveda, C. *La venganza de Hume. Una defensa del emotivismo moral.* Revista Filosofía UIS. 2017;16(1):79-92.

46   Oya A. *Emotivismo clásico: Charles L. Stevenson.* Bajo Palabra 2019 (22), 309–326.

47   Ayer AJ. *Language, Truth and Logic.* Penguim. Nueva York: Dover publications; 1952. 13-20.

racionalmente lo que sucede, las normas morales y saben calcular las posibles consecuencias, al no apreciar emocionalmente los valores consensuados, actúan contrariamente a la moral convencional.[48] La ausencia de emociones les conduce a quebrantar las normas morales.[49,50]

¿Qué debemos hacer?

Dado que la conciencia moral está más ligada a las emociones, no es posible establecer unas pautas de acción objetivas y racionales. Las decisiones morales dependen de las emociones —de la apreciación emocional de los valores— que se despiertan en cada sujeto. Francis Hutcheson (1694-1746) indicó que poseemos de forma natural un sentimiento moral, gracias al cual percibimos la virtud, lo que es justo y bueno, un «sentido superior natural a los hombres que les determina a ser complacidos por las acciones, caracteres y sentimientos. Éste es el sentido moral».[51] Este sentimiento moral nos indica qué debemos hacer. Para los emotivistas, es esencial educar las emociones, para que los ciudadanos sean moralmente sensibles y que actúen de acuerdo con el sentir común mayoritario.

Problemas del emotivismo

Las tesis emotivistas (y las intuicionistas) claudican en el propósito de establecer una racionalidad en la vida moral, ya sea

48 Nichols Sh. *How Psychopaths Threaten Moral Rationalism, or Is it Irrational to Be Amoral?*. The monist 2002, 2 (2), 285-303.

49 Rabossi E. *Emotivismo ético, positivismo lógico e irracionalismo*. Diánoia 1971, 17 (17); 36-61.

50 Damasio A. *En busca de Spinoza. Neurobiología de la emoción y los sentimientos*. Crítica, Barcelona, 2009, 151-161.

51 Hutcheson F. *Una investigación sobre el origen de nuestra idea de belleza* (1725). Madrid: Tecnos; 1992. 7.

de carácter deontologista o utilitarista. Carecen de referencias morales objetivas. Al no existir una base racional y apoyarse en el «sentimiento moral», el emotivismo puede conducir a cierto relativismo y escepticismo. Los sentimientos morales (y las intuiciones) no garantizan que el razonamiento moral sea correcto y que, por tanto, el juicio moral sea adecuado.

Casuismo o casuística

Ante los problemas morales casi todas las teorías éticas proponen dos fases: recopilación de los hechos y aplicación de las normas éticas (principios *a priori*, búsqueda de las mejores consecuencias, seguir el sentimiento moral). La casuística, a diferencia de otras teorías, concede más importancia a la primera etapa. El método casuístico tiene su origen en el estoicismo y en los escritos de Cicerón, desarrollándose ampliamente en el cristianismo. Tomás de Aquino aplicaba las normas cristianas solo después de haber prestado atención a los hechos. Las circunstancias del caso no son accidentales ni secundarias: «Actiones humanae secundum circumstantias sunt bonae vel malue».[52] Es decir, las acciones humanas, en función de las circunstancias, se pueden considerar buenas o malas. Posteriormente, durante los siglos XV y XVI, floreció en los escritos de los teólogos morales católicos y anglicanos.

El casuismo no es una ética situacional, cuyos juicios dependen exclusivamente de las circunstancias. Reconoce la existencia de normas morales, pero estas se extraen de las circunstancias y se deben adecuar a los detalles del caso. ¿De dónde provienen las normas? De otros casos parecidos que sirven como modelo.

---

52   Aquino T. *Summa Theologae, I y II*, cuestión 18, artículo 3. Disponible en: https://hjg.com.ar/sumat/b/c18.html: «Lo que dice el Filósofo en el libro Ethic., que el virtuoso obra como se debe, cuando se debe y de acuerdo con las demás circunstancias. Luego, al contrario, el vicioso, según cada vicio, obra cuando no se debe, donde no se debe, etc. Luego las acciones humanas son buenas o malas según las circunstancias».

Por analogía, se aplican al caso actual las normas extraídas de casos que sirven como modelo (paradigmas). A. R. Jonsen y S. Toulmin,[53] que han ayudado a revitalizar la casuística en el siglo xx, la definen como el uso de

> procedimientos de razonamiento basados en paradigmas y analogías, que conducen a la formulación de opiniones de expertos sobre la existencia y el rigor de obligaciones morales particulares, enmarcadas en términos de reglas o máximas que son generales, pero no universales o invariables, ya que son válidas con certeza sólo en las condiciones típicas del agente y las circunstancias de la acción.

¿Cuál es el bien moral?

Las normas y principios morales dependen del caso y se ajustan a las circunstancias. ¿Cómo conocemos las normas? A partir de casos similares anteriores (casos paradigmáticos), que son precedentes y sirven como modelo para el caso actual. Del caso paradigmático se extraen las normas y reglas (máximas). No son universales ni invariables, sino particulares al caso.

¿Qué debemos hacer?

La casuística comienza por el estudio de los detalles del caso, para armonizarlos con las normas implicadas. Tras estudiarlos, se buscan casos similares (paradigmas) con el fin de encontrar en ellos las normas o máximas que se pueden aplicar. Se utiliza la analogía: como nuestro caso es similar al paradigma, se podría resolver de forma parecida, aplicando las mismas obligaciones

---

53   Jonsen AR, Toulmin SE. *The Abuse of Casuistry*. Berkeley y Los Ángeles: University of California Press; 1988. 257.

particulares.[54] Es una metodología inductivista, porque de las circunstancias concretas se extraen las normas y la estrategia que seguir.

Problemas de la casuística

Al no contemplar normas generales, sino particulares (que dependen de cómo se han resuelto otros casos y se adaptan al caso actual), el casuismo puede conducir al relativismo y a cierta laxitud moral. Además, es un método complejo que exige tiempo, porque hay que localizar los casos paradigmáticos y sus máximas y ¿dónde los encontramos?

Pragmatismo ético

El pragmatismo calibra las acciones en función de su repercusión práctica en la vida real; de su coherencia con la totalidad de la realidad. No se trata de resolver el problema moral que tengo delante. Hay que tener en cuenta cómo afecta la solución al conjunto de la realidad. Se opone a las filosofías abstractas, a los enfoques de arriba abajo fundados en conceptos y principios generales. Valora las decisiones por sus efectos, por las consecuencias verificables, eliminando las consideraciones intelectuales (conceptuales) sin efecto en la realidad. Es una mezcla de empirismo y utilitarismo. Para William James, el pragmatista:

> se vuelve hacia la concreción y la determinación, se dirige hacia los hechos, hacia la acción y hacia el poder. Esto significa el predominio de un temperamento empirista y un sincero abandono del temperamento racionalista. Significa el aire libre y las posibilidades de la naturaleza, y también una actitud contraria a los

---

54   Ibid.

dogmas, a la artificialidad y a la falsa pretensión de poseer la verdad de forma concluyente.[55]

Para los pragmatistas no hay una verdad definitiva. Nuestras creencias son provisionales. Se pueden modificar en cualquier momento. Esta caracterización falibilista de la ética reemplaza la búsqueda de *la solución* por la búsqueda de una solución provisional con la que poder vivir. Por encontrar una respuesta que ayude a resolver el problema que tenemos actualmente, considerando el conjunto de la realidad y sabiendo que dicha respuesta se modificará si se encuentran argumentos para hacerlo. La justificación de una decisión reside en su coherencia, en la capacidad de cada componente del problema de reforzar y ser reforzado por el resto de los componentes del problema.

¿Cuál es el bien moral?

El bien no existe como tal, sino que se construye y consensúa democráticamente entre los implicados. Es lo más conveniente y beneficioso para el conjunto de la realidad. Los principios éticos no son reglas absolutas, sino herramientas en evolución, que se modifican a la luz de los hechos y la investigación. La indagación ética se convierte en un proceso de «fracaso noble». En un intento interminable de producir las mejores normas morales, aceptando que la evolución de los problemas obligará a revisarlas.

¿Qué debemos hacer?

Se considera únicamente aquello obtenido a través de la experiencia. Tras ello, las acciones —las decisiones— se justifican por su utilidad, por si resultan convenientes y beneficiosas para

---

55   James W. *Pragmatismo. Un nuevo nombre para viejas formas de pensar* (1907). Madrid: Alianza; 2000. 83.

el conjunto de la realidad. Hay que encontrar un equilibrio coherente y justificable entre todos los factores. John Arras[56] lo explica con el equilibrio reflexivo, un procedimiento de toma de decisiones igualitarista, falabilista (las soluciones son provisionales) y coherentista (cada componente del problema da coherencia al resto). El único dogma del equilibrio reflexivo es que no hay posiciones ni creencias privilegiadas. Todos los aspectos —valores, datos, creencias— son tomados por igual. De ahí su igualitarismo.

Problemas del pragmatismo

Para el pragmatismo fuerte, los juicios éticos no son abstractos ni principios generales, sino propiedades naturales (fácticas). Es el consenso provisional más conveniente. Además de abrir las puertas al relativismo, parece aceptar la falacia naturalista: lo que sucede, el mejor ajuste realizado, es lo correcto. Identifica el *es* con el *debe*. Para evitar la falacia naturalista, Eric Racine[57] y Lucy Frith[58] han propuesto un pragmatismo moderado, donde las normas éticas no derivan exclusivamente de la observación y la experiencia, sino de la interacción entre el contexto y el razonamiento ético. Al aplicar el equilibrio reflexivo, habría que considerar en igualdad los factores que influyen en el problema: hechos, preocupaciones y puntos de vista, las necesidades y prioridades públicas, pero también las teorías éticas implicadas.

56   Arras JD. *The Way We Reason Now: Reflective Equilibrium in Bioethics.* En: Oxford Handbook of Bioethics, Steinbock B (editor). Nueva York: Oxford University Press; 2007. 46-71.

57   Racine E. Which *Naturalism for Bioethics: A Defense of Moderate (Pragmatic) Naturalism.* Bioethics. 2008;22(2):99-100.

58   Frith L. Symbiotic *Bioethics: A Practical Methodology.* Bioethics. 2010;26(4):198-206.

¿Qué teoría ética es mejor?

Cada teoría tiene unos supuestos sobre cuál es el bien moral y qué es lo más relevante al decidir. Afirmar que una determinada teoría es mejor supone que quienes la utilizan toman mejores decisiones, lo cual es discutible. Todas las teorías son incompletas y presentan limitaciones. Algunas se han señalado. Se diferencian en que cada una incide más en una parte de la ética, pero ninguna la agota. Aquellas que no son útiles, porque no ayudan a justificar las decisiones morales ni a resolver los problemas, dejarán de usarse. Así ha sucedido con el naturalismo ético o con el vitalismo. Las teorías que persisten lo hacen porque se han mostrado útiles para ayudar a analizar y resolver los problemas. En filosofía moral se produce una especie de «darwinismo ético»: las teorías útiles persisten (las que se adaptan a la resolución de los problemas), mientras que las que no ayudan se abandonan.

Las teorías expuestas mantienen vigencia y vigor, por lo que se han trasladado a la bioética. Las decisiones éticas están condicionadas por cómo son los interlocutores, por su carácter y costumbres, de ahí la importancia de las virtudes. Dejar las decisiones al albur del carácter de los participantes tiene riesgos, porque, aunque se eduquen las virtudes, son diversas y poseerlas no significa que la conducta moral sea adecuada. Si alguien, pongamos por caso, tiene muy desarrollada la tolerancia y poco la sabiduría práctica, ante un conflicto puede bloquearse. Por este motivo se han formulado teorías que intentan justificar racionalmente las normas éticas, para que estas no dependan exclusivamente del carácter de los sujetos. Algunas indican a priori los principios y valores que se tiene que respetar (deontologismos), mientras que otras consideran que lo relevante es que los valores se realicen (consecuencialismos). Junto a la razón argumentativa, las emociones y los sentimientos tienen un papel central en la moral. Ciertos autores creen que las decisiones morales no se toman racionalmente, sino por las emociones (emotivismo) o por las primeras impresiones (intuicionismo). Por último, hay teorías que no comienzan por las normas y los valores, sino por un análisis detallado del problema. De dicho análisis se extraen las normas aplicables (casuística y pragmatismo).

Cada teoría ética tiene su propia justificación, pero cuando se aplican ninguna se mantiene pura. Al llevarlas a las decisiones concretas, que es el objetivo de la ética, se mezclan y contaminan por otras, porque ninguna teoría abarca por completo el universo de la ética. Más aún, es lo conveniente. Los principialistas, por ejemplo, son consecuencialistas, porque quieren que, como consecuencia de la decisión, sus principios sean respetados, mientras que los consecuencialistas son principialistas, porque la consecuencia de la decisión supone haber priorizado determinados valores. Los casuistas y pragmatistas, aunque son más empiristas, precisan de un marco normativo que permita calibrar la calidad moral de las decisiones.

Para que una teoría -cualquiera de ellas- sea útil debe incorporar los principales componentes de la ética y tener capacidad práctica. Tiene que dar respuesta a los problemas concretos. En cuando a los principales componentes de la ética, las teorías tienen que incorporar: los hechos relacionados con el problema, los bienes morales implicados y las posibles consecuencias de las opciones disponibles. De la toma en consideración de todo ello —no tanto de si se comienza por los hechos, por los bienes o por las consecuencias— dependerá que una decisión esté justificada y que, por tanto, se pueda argumentar.

Si la teoría incorpora los principales componentes de la ética y tiene capacidad práctica, lo relevante, más que la teoría empleada, es a qué problema concreto y quién la aplica. La respuesta a qué teoría ética es mejor depende por tanto de:

1) El tipo de problema, porque hay problemas que pueden precisar, por ejemplo, de un enfoque más utilitarista (si hay que distribuir un recurso escaso, es preferible atender

al resultado y a la utilidad, es decir, a quién aprovechará mejor el recurso), mientras que otros necesitan un enfoque principialista (ante un conflicto bélico, para que no haya guerra lo óptimo sería que todos respetaran el principio de protección de la vida humana).

2) Quién tiene que afrontar el problema, porque en función de su educación, de sus presupuestos y prioridades, preferirá una teoría u otra. Alguien educado en la ética de las virtudes, considerará que lo fundamental es la formación del carácter, mientras que otra persona que ha crecido en el rigorismo de la moral británica victoriana, posiblemente atenderá a los principios morales del puritanismo victoriano. Quien decide, eso sí, tiene que aplicar su teoría con flexibilidad, de forma que se consideren los principales factores implicados en el problema.

¿Qué es lo bueno?

Como agua en las manos

La ética trata de realizar lo bueno. Es la brújula, el faro que nos orienta hacia lo que debemos hacer. Por eso la cuestión ética esencial es dilucidar qué es lo bueno; cómo lo determinamos. Hay situaciones donde está claro, se sea utilitarista o principialista. Si un niño de dos años cae a una piscina, lo *bueno* es salvarle la vida; lo que hay que *hacer* es tirarse al agua y rescatarle, porque su vida es un *bien* que preservar. La ética es práctica —se hace, se ejerce, se realiza— y en la realidad fáctica, que es donde se *hacen* las cosas, muchas veces es difícil precisar qué es lo bueno. Cuáles son los bienes que debemos priorizar. Hay cantidad de circunstancias en las que resulta dudoso. Ya sea porque no es fácil identificarlo (si un anciano con demencia tiene una parada cardiaca, reanimar ¿es lo bueno?) o porque hay varios bienes en conflicto (en un accidente de tráfico con muchos heridos, ¿a quién se atiende primero?).

Lo bueno no está definido ni escrito en ninguna parte. Como el agua en nuestras manos, lo notamos y cuando queremos atraparlo, se nos escapa. Porque no hay un legislador por encima nuestro, ni una ley humana a la que mirar. No obstante, cada teoría lo identifica de una manera. Los deontologistas han tratado de definirlo por principios *a priori* que portan determinados bienes y los consecuencialistas a través de la obtención de los bienes más útiles. Los emotivistas por el consenso de nuestro «sentimiento moral», que identifica los bienes prioritarios, mientras que para los pragmatistas no existe lo bueno como tal, sino que se consensua democráticamente. Para los casuistas lo inducimos a partir de los matices del caso concreto. Estas y otras teorías éticas consideran que podemos teorizar sobre lo bueno, identificarlo, y así sabremos qué debemos hacer.

Existe una aproximación diferente a lo bueno, la ética de las virtudes aristotélica. Elizabeth M. Anscombe rechaza las nociones de *obligación*, *debe* y *deber moral* de los deontologistas, consecuencialistas y emotivistas. Aceptarlas supone asumir que hay una ley moral: «Aquellos que reconocen los orígenes de las nociones de *obligación* y del enfático *debe moral* en la concepción de la ética basada en el derecho divino, pero que rechazan la idea de un legislador divino, a veces buscan a su alrededor la posibilidad de quedarse con una concepción legal sin el legislador divino».[59] Pero dicho legislador no existe, ni siquiera en nosotros mismos, como pensaba Kant. La ética moderna, señala Elizabeth M. Anscombe, ha quedado vacía de contenido. Es incapaz de dar cuenta de la noción de obligación moral y de la existencia de conceptos éticos como *bueno* o *malo*. Quedaría la posibilidad, argumenta la discípula de Wittgenstein, de buscar las *normas éticas* en las virtudes humanas, en la comprensión

---

59   Anscombe GEM. *Filosofía moral moderna*. En: Conceptos éticos fundamentales, Platts M (compilador). México: Instituto de Investigaciones Filosóficas; 2006. 44.

de las acciones humanas. Podemos hacer ética sin la noción *debe moralmente*:

> como lo muestra el ejemplo de Aristóteles. Sería un gran adelanto si, en lugar de *moralmente incorrecto*, siempre diéramos un género, como *embustero, impúdico, injusto*. Ya deberíamos dejar de preguntar si hacer determinada cosa fue *incorrecto*, y de pasar directamente de la descripción de una acción a esta noción; más bien deberíamos preguntar si, por ejemplo, fue injusto; y a veces la respuesta sería de inmediato clara.[60]

Definiendo el fin de una actividad humana, individual o social, sabremos qué nos aproxima a ella. La norma, lo bueno, sería cumplir con las virtudes que nos aproximan a ella. Como el fin de la medicina es la salud, lo bueno es alcanzarla, por lo que debemos hacer aquello que nos ayude a lograrla. Los bienes —las virtudes— que nos aproximen a la salud son prioritarios. Y así con otras actividades humanas. Lo que resulta excesivamente ambicioso es definir el fin general de la vida humana, para Aristóteles la *eudaimonia*. Sin olvidar que en el mundo fáctico coinciden multitud de actividades humanas y de fines particulares, lo que conduce a la colisión entre los bienes prioritarios para cada una de las partes. Es decir, a conflictos éticos.

Dado que en el mundo fáctico no se puede alcanzar plenamente lo bueno, al menos debemos aproximarnos. Cuando existen varias opciones, lo bueno es escoger el mayor bien entre dichas opciones, es decir, lo mejor. Si, además, las circunstancias impiden conseguir lo mejor, lo correcto es salvar (proteger), en la mayor medida, el bien o los bienes en juego; procurar no dañarlos. Por último, es posible que las circunstancias obliguen a tener que escoger entre varios males, por lo cual lo adecuado es elegir el mal menor, que es aquel que daña menos los bienes.

---

60   Ibid. 38.

Tabla. Orden de prioridad en las decisiones morales

(1) Hacer lo bueno (realizar los bienes), si no es posible, ↓	(1) Trasplantar a todos los pacientes que lo necesitan para salvarles la vida.
(2) hacer lo mejor dentro de las opciones disponibles (escoger el mayor bien), si no es posible, ↓	(2) Si los órganos son limitados, seleccionar a los pacientes que más se van a beneficiar del trasplante.
(3) proteger los bienes en juego, si no es posible, ↓	(3) Si no hay órganos para trasplantar (no se les puede salvar la vida), cuidar la salud de los pacientes con los medios disponibles.
(4) hacer el menor daño posible (optar por el mal menor).	(4) Si no hay órganos y los pacientes se deterioran, intentar que no sufran.

Términos de lo bueno

A lo largo de la historia, en las distintas teorías morales se han empleado diferentes nociones para la referencia de la ética. Lo *bueno*, por ejemplo, serían determinadas *virtudes, bienes, principios, normas, imperativos* o *valores*. Estos términos son expresiones de *lo bueno*, lo portan, por lo cual deben orientar nuestras decisiones y comportamiento. A continuación, se describen algunas características de dichos términos.

Virtud

Etimológicamente, «fuerza o poder de una cosa». Para Aristóteles la virtud es un hábito, un modo de ser que depende de nuestra voluntad.[61] La virtud es la cualidad media entre dos vicios, entre dos extremos viciosos. Para santo Tomás una virtud es una disposición sólida de la razón hacia el bien. Aristóteles diferenciaba

---

61   Ferrater Mora J. Virtud. En: *Diccionario de filosofía.* Tomo II, L-Z. Buenos Aires: Editorial Sudamericana; 1964. 910-912.

las virtudes éticas, que se desenvuelven en la práctica y se encaminan a la consecución de un fin (como la honestidad, la justicia o el valor), de las virtudes dianoéticas, que son intelectuales (como la sabiduría o la prudencia). Tras Aristóteles se han realizado numerosas propuestas y listados de virtudes éticas.

Principio

Es la base —principio como «realidad fundamental», su significado en Grecia—, el origen —principio como comienzo— y, por tanto, la razón sobre la que se debe fundamentar la conducta. Un principio ético es el fundamento del cual deriva la forma concreta de actuar. El principio de respeto a la autonomía, por ejemplo, indica que se deben respetar las decisiones de las personas si estas son autónomas.

Norma/regla

Una norma, etimológicamente *escuadra* o *regla* (*regula*: instrumento de medida), es el canon al que se debe ajustar la conducta. Las normas marcan con más detalle que los principios la forma de actuar. *Norma* y *regla* son, habitualmente, sinónimos. Reúnen una serie de criterios que, en conjunto, indican la pauta correcta de actuación. Por ejemplo, que para que se respete la autonomía de una persona no debe haber daño a los demás. También se han empleado como sinónimos *máxima* y *sentencia*. Javier Recas indica cómo «la sentencia y la máxima [...] se caracterizarían por contener reglas, normas o preceptos morales, recomendaciones o advertencias, que, implícita o explícitamente exhortan a su cumplimiento».[62]

---

62   Recas J. *Relámpagos de lucidez. El arte del aforismo.* Madrid: Biblioteca Nueva; 2014. 16.

Imperativo/mandato

Las normas y los principios éticos se han formulado muchas veces en lenguaje imperativo, como mandatos, denominándose entonces *imperativos*. Así lo expresa Immanuel Kant: «La representación de un principio objetivo, en tanto que resulta apremiante para una voluntad, se llama un mandato (de la razón), y la fórmula del mismo se denomina imperativo».[63] Son parte del lenguaje prescriptivo, el lenguaje de la ética, aunque no todo el lenguaje ético es imperativo. Los juicios de valor, por ejemplo, se formulan en lenguaje indicativo: «Es preferible ser responsable»; mientras que su imperativo sería: «Sé responsable». Algunos sinónimos son *mandamiento* y *precepto*.

Valor

Los valores son cualidades percibidas en el mundo fáctico de forma inter-subjetiva (entre varios sujetos). Aunque individualmente se difiera en las prioridades entre los valores —existen diferentes jerarquías y escalas de valores—, habitualmente son reconocidos (captados y apreciados) por diferentes individuos.[64] Por ejemplo, la mayoría de las personas consideran que la amistad, la libertad y la equidad son valores (intersubjetividad), aunque para unos es más importante la amistad y para otros la equidad (tienen diferentes escalas de valores). Sinónimos de *valor* y *valores* son, respectivamente, *bien* y *bienes*: «La amistad es un bien muy preciado».

---

63 Kant I. *Fundamentación de la metafísica de las costumbres*. Madrid: Alianza Editorial; 2002. 112.
64 Ferrater Mora J. Valor. *Diccionario de filosofía*, tomo II, L-Z. Buenos Aires: Editorial Sudamericana; 1964. 867-871.

Tabla. Términos empleados para la referencia de la moral

Término	Significado	Origen	Nivel de abstracción	Ejemplos
Virtud	Hábitos de un sujeto, destinados a hacer lo correcto.	Disposición individual y voluntaria hacia el bien.	No es abstracta, sino práctica.	1. Bravura. 2. Independencia.
Principio	Origen y, por tanto, fundamento del comportamiento.	Se construye teóricamente, a partir de bienes/valores.	Es general. Se formulan *prima facie*.	1. Intenta proteger al indefenso. 2. Debes decidir por ti mismo.
Norma	Criterios (canon) que deben guiar la conducta. Sinónimos: regla, máxima, sentencia.	Se construye teóricamente, a partir de bienes/valores.	Más concreta que los principios. Marca con más detalle la forma de actuar.	1. Cuando defiendas a otros, procura sobrevivir. 2. Al decidir, ten en cuenta a los demás.
Imperativo	Principio o norma expresado en lenguaje imperativo. Sinónimos: mandato, mandamiento, precepto.	Se construye teóricamente, a partir de bienes/valores.	Dependerá de si es un principio (más general) o una norma (más específico).	1. Cuida al indefenso. 2. Conserva tu libertad.
Valor	Cualidad positiva percibida en el mundo fáctico de forma intersubjetiva. Sinónimos: bien.	Captado y apreciado cognitivamente desde el mundo fáctico.	Variable: hay valores generales (libertad) y otros más concretos (auxilio al débil).	1. Auxilio. 2. Libertad.

Compatibilidad entre los términos

Cada término del lenguaje moral tiene sus características y, entre ellos, son compatibles. Se puede decir, por ejemplo, que «aceptar un tratamiento contraindicado es contrario al principio de no hacer daño, vulnerando valores como el bienestar o el cuidado de la salud». Igualmente, en el lenguaje moral, al argumentar y justificar una decisión, se pueden incorporar mandatos (imperativos), normas y virtudes. Siendo compatibles, cada uno opera en un nivel diferente de abstracción y concreción. David C. Thomasma señala que los valores más preciados están plasmados en los principios morales más arraigados. Diferencia entre principios fundamentales, axiomas y reglas.[65] Un axioma es una interpretación de los principios, mientras que las reglas (normas) son formas concretas de interpretar los conflictos de valores, principios y axiomas. «Mentir está mal» es un principio, «No está mal ocultar la verdad a quienes no la merecen (porque la usan para el mal)» es un axioma y «Mentir puede estar moralmente justificado para salvar una vida o para evitar dañar a una persona» es una regla.

Es habitual emplear el término *valor* para referirnos al bien moral, sin que hayan dejado de emplearse los principios, normas o imperativos. Esta tendencia se explica porque los valores constituyen el núcleo más elemental de la ética. El resto de los términos pueden explicarse desde o a través de los valores. Los principios, las normas y los imperativos se fundamentan en valores (bienes). El principio de «respeto a la autonomía de las personas» contiene los valores *libertad* o *intimidad*. El imperativo «trata a cualquier persona siempre al mismo tiempo como fin y nunca simplemente como medio» incluye los valores *igualdad* o *respeto*. En cuanto a las virtudes, ponen en práctica los valores propios de una actividad humana. La virtud de la templanza encierra valores como la moderación o la armonía.

Los valores son cualidades que los humanos atribuimos a los hechos, al mundo fáctico que nos rodea. Georges Canguilhem explica la generalización de la idea de valor al mundo prescriptivo de la ética, señalando que nuestra imagen del mundo es

---

65   Thomasma DC. *Theories of Medical Ethics: The Philosophical Structure*. En: Military Medical Ethics, vol. 1. US Army; 2003. 23-59.

siempre una muestra de valores.[66] El ser humano es un ser vivo capaz de razonar sobre valores y normas. La vida es un dominio de valores y los seres humanos actuamos en un medio tejido de significados axiológicos. Palabras como *guerra* y *paz* no denotan hechos ni situaciones fácticas, sino un par de valores contrapuestos. Existe una dialéctica entre los hechos y los valores. La vida, según G. Canguilhem, es la capacidad de juzgar el entorno y atribuirle valores positivos o negativos. Los valores pueden ser de muchas clases: éticos, estéticos, religiosos, políticos, etc. Los captamos y atribuimos subjetivamente a los hechos, como por ejemplo el valor estético *belleza* (que se capta y atribuye) a una puesta de sol. Para la axiología o ética de los valores lo bueno es realizar valores. Debemos intentar preservar y realizar los valores.

TEORÍAS BIOÉTICAS

Establecido el marco conceptual (qué es la bioética clínica) y estudiada la ética que hay detrás de la bioética, es el momento de analizar las teorías éticas aplicadas en bioética clínica. Fundamentalmente, son las nombradas en el capítulo «Teorías éticas», porque las principales teorías éticas se han trasladado a la medicina para dar respuesta a los problemas bioéticos. Las virtudes, presentes en toda la historia de la ética, se han aplicado a la bioética desde su origen. Junto a la ética de las virtudes, desde los años setenta la bioética se ha intentado fundamentar a través de principios éticos desde los que se puedan deducir normas más concretas. El principialismo tienen su máximo exponente en el modelo de T. L. Beauchamp y J. F. Childress, pero hay más. Al ser una ética aplicada, paralelamente se ha desarrollado una bioética casuística, que solventa los problemas comenzando por las circunstancias concretas. La propuesta más conocida es el

---

66   Vissio G. *Reasoning in Life: Values and Normativity* in Georges Canguilhem. Int J Semiot Law. 2020;33(4):1019-1031.

modelo de las *cuatro cajas* de A. Jonsen, M. Siegler y W. Winslade. El utilitarismo en bioética se ha aplicado sobre todo a los problemas de salud pública, a través de autores como P. Singer o J. Savulescu. Otra teoría trasladada a la bioética es el pragmatismo, con aires casuísticos y utilitaristas, como la propuesta de J. Fins y F. Miller. Todas estas teorías intentan dar una base racional al proceso de decisión; justificar las decisiones morales más allá del emotivismo y del intuicionismo. Existen tantas teorías, cada una con sus peculiaridades, que se ha hablado de una *guerra de métodos* en bioética.[67]

Éticas de las virtudes: el carácter del profesional

El agente moral

Las éticas de las virtudes han sido aplicadas a la bioética por Edmund D. Pellegrino, David C. Thomasma o James F. Drane, todos deudores de Elizabeth M. Anscombe y, muy especialmente, de Alisdair MacIntyre. Son éticas centradas en la acción del agente moral. No buscan el bien fuera del sujeto, sino en su acción. Ponen la mirada en el tipo de persona que debería ser agente moral, más que en los actos en sí, en las circunstancias o en las consecuencias que producen. Pretenden que el profesional sea mejor —excelente— y, como resultado, que sus decisiones también lo sean. El profesional tiene que conocer cuál es el fin de su actividad, el *telos* de su naturaleza como sanitario. E. D. Pellegrino indica que la ética de la virtud ha sido una constante en la historia de la ética, porque no podemos separar las acciones morales de los agentes que las conciben y ejecutan. El carácter del agente moral siempre será significativo para determinar el fin moral de los actos humanos.[68]

---

67   Pamental M. *Pragmatism, metaphysics, and bioethics: beyond a theory of moral deliberation*. J Med Philos. 2013 Dec;38(6):725-42.
68   Pellegrino ED. *Foni phronimos--An Interview with Edmund D. Pellegrino by James Giordano*. Philos Ethics Humanit Med. 2010 nov. 9; 5:16.

E. D. Pellegrino sostiene que la ética de la virtud es esencial en cualquier sistema moral.[69] Aunque no puede sostenerse por sí sola, es un complemento necesario para cualquier teoría. Los principios, deberes y reglas, en última instancia, se expresan en la vida del agente moral, que es quien los aplica, interpreta, prioriza y da razón de ellos. La ética siempre está determinada por el carácter del agente moral.

Excelencia (aretē) profesional

Para E. D. Pellegrino, debido a su *telos*, las profesiones, en concreto la medicina, deben tener una moralidad más elevada. Un mayor compromiso con el bien de los demás que la mayoría de las actividades humanas.[70] Porque el acto médico no persigue solo el bien terapéutico, sino el bien integral de la persona. La virtud vincula la excelencia moral (las virtudes morales) con el tipo de persona que debe ser el profesional y con la excelencia de su trabajo específico. El profesional tiene que poner sus conocimientos y habilidades al servicio de cada persona enferma. Debe ser una persona virtuosa, digna de la confianza del paciente y dispuesta a poner sus conocimientos a su disposición. El buen profesional será aquel que exhiba los rasgos de carácter (virtudes) que con mayor eficacia logren alcanzar los fines de la medicina.

¿Qué virtudes? La phronesis

El fin de la medicina (el cuidado integral de la salud) establece las virtudes —rasgos del carácter— que debe tener el profesional sanitario para alcanzar dicho fin con excelencia. Las virtudes,

---

69   Pellegrino ED. *Toward a Virtue-Based Normative Ethics for the Health Professions.* Kennedy Inst Ethics J. 1995 sep.;5(3):253-277.
70   Pellegrino ED. *What is a Profession?* J Allied Health. 1983 ag.;12(3):168-176.

como mostró Aristóteles, se enseñan y aprenden con la práctica. Al actuar como profesionales sanitaros, adquirimos un compromiso silencioso que se asume en cada encuentro clínico con el paciente, de acuerdo con los fines de la profesión. A través de la educación del carácter se pueden adquirir las virtudes propias de la profesión, las que aproximan al sanitario al fin específico de la medicina.

Algunas virtudes específicas de la medicina, que contribuyen a ejercerla con excelencia, son:[71]

- Benevolencia: el precepto principal de la ética médica desde la era hipocrática; actuar por el bien del paciente y evitar todo daño.
- Veracidad: al paciente se le deben dar los conocimientos necesarios para tomar decisiones informadas, para que pueda hacer planes con su propia vida y para que pueda evaluar la competencia del médico.
- Compasión: el médico tiene que sentir la situación del paciente si quiere que sus juicios científicos sean moralmente defendibles y adecuados a la vida del paciente particular.
- Honestidad intelectual: la medicina es un instrumento que, según cómo se utilicen los conocimientos y habilidades médicas, puede ser muy poderoso; para evitar daños, es crucial identificar cuándo no se sabe y tener la humildad de admitirlo.
- Fidelidad a la confianza: el profesional sanitario ha invitado a confiar y el paciente no puede evitar la invitación; esencial para que se produzca la ayuda.

---

71   Pellegrino ED. *Professionalism, Profession and the Virtues of the Good Physician*. Mt Sinai J Med. 2002 nov.;69(6):378-384.

- Valentía: el profesional debe exponerse a la posibilidad de daño físico en situaciones de emergencia y a represalias políticas en determinados regímenes; tiene que ser el defensor del paciente en un sistema de atención capitalista.

Para E. D. Pellegrino y D. Thomasma, la virtud fundamental del carácter del médico es la *phronesis* o sabiduría práctica, traducida muchas veces como «prudencia». Es una virtud moral e intelectual, que dispone a elegir lo que se debe hacer ante un problema moral concreto. La sabiduría práctica une las virtudes morales y las intelectuales. Aristóteles la describió como la capacidad de deliberación, de juicio y discernimiento en situaciones morales difíciles o de incertidumbre. Ayuda al agente moral a resolver los conflictos entre virtudes, a ponerlas en el orden adecuado de prioridad y a tomar la decisión correcta y buena en las situaciones difíciles. La sabiduría práctica es también la virtud más valiosa para el médico en cuanto médico, porque es la disposición a tomar decisiones correctas en circunstancias clínicas complejas. Ayuda al médico en sus elecciones. Es la virtud del juicio clínico sabio. Sin embargo, el término *phronesis* se ha degradado, entendido muchas veces como cautela o autoprotección egoísta.

Las virtudes individuales son inseparables de las sociales. En su ética, Aristóteles definió las virtudes de un buen miembro de la sociedad y en su *Política* definió la buena sociedad y las virtudes que dicha sociedad debería exhibir. Ética y política son elementos recíprocos de un todo moral. Los buenos ciudadanos contribuyen a una buena sociedad; una buena sociedad produce buenos ciudadanos. Los profesionales tratan pacientes individuales, pero viven en comunidad, en una sociedad con la que también están comprometidos, por lo que deben afrontar esta interdependencia moral, la mutua interacción del sanitario individual con la sociedad en la que trabajan. No se puede reformar uno sin el otro.

¿Cómo tomar decisiones?

Las éticas de la virtud no exponen un método para tomar decisiones, como sí lo hacen el principialismo, el casuismo o el pragmatismo, sino la clase de persona que hay que ser para convertirse en un buen profesional. Los críticos con el resurgimiento de la virtud señalan la ausencia de contenidos morales específicos, de guías o reglas de acción. Critican el razonamiento circular que define *bien* como lo que hace la persona virtuosa y a la persona virtuosa como la que hace el *bien*. E. D. Pellegrino y D. Thomasma afirman que «la persona virtuosa cultiva la *areté* (excelencia) en la medida en que actualiza la virtud en sus elecciones y acciones morales». Estos mismos autores reconocen que una ética basada solo en la virtud no es una guía suficiente para la acción, por lo que proponen integrarla con una ética basada en principios y reglas.

Las virtudes, la *aretē*, orientan al sujeto en sus acciones. Pero el sujeto tiene que deliberar con otros para tomar decisiones. Delibera sobre valores, principios y normas morales, sobre bienes que son *externos* al sujeto. Por este motivo, junto con las virtudes, son necesarios principios y normas o reglas, así como establecer las relaciones entre ellos. ¿Cómo hacerlo? El profesional tiene que cumplir su deber con cada paciente. Para ello, el deber tiene que estar profundamente grabado en su carácter. El cumplimiento del deber con un paciente no deriva sencillamente de defender principios o normas, ni de calcular consecuencias. Estos (principios, normas, consecuencias) se tienen que aplicar en el sentido más amplio posible, considerando el resto de los factores implicados en el problema (deliberando). Los buenos comportamientos, el deber del profesional, proceden del buen juicio de alguien que tiene ciertas virtudes y que, además, analiza el caso considerando los principios, las normas y las consecuencias de los actos. El problema «en la medicina, como en toda vida profesional, no es si el emperador no tiene ropa, sino si la ropa no tiene emperador».

Éticas del cuidado

Las éticas del cuidado se pueden tratar como un tipo de ética de las virtudes. El concepto de cuidado recibió impulso con las investigaciones psicológicas de Carol Gilligan[72,73] sobre el desarrollo moral de las mujeres. Posteriormente, autoras como Nel Noddings,[74] Sara Ruddick[75] y Joan Tronto,[76] provenientes de las éticas femeninas y feministas, han hecho contribuciones relevantes. Las éticas del cuidado inicialmente se incorporaron a la medicina como una ética para la enfermería, pero han trasvasado sus límites para aterrizar en todos los campos de la salud.[77,78]

Estas éticas señalan que los principios son más bien «masculinos», marcando deberes externamente, de arriba abajo, mientras que la ética del cuidado se centra en las relaciones interpersonales entre profesionales y pacientes, estableciendo vínculos horizontales igualitarios. No sólo hay que curar, lo propio de la tradición médica, también hay que cuidar y aliviar el sufrimiento, entrando ahí los aspectos relacionales. La ética del cuidado se centra en la relación personal. El cuidado es una cualidad de la

72 Gilligan C. Resisting Injustice: *A Feminist Ethic of Care*. En: *The Ethic of Care*. Monographs of the Víctor Grífols i Lucas Foundation (30). Barcelona: Fundació Víctor Grífols i Lucas; 2013. 38-62.

73 Gilligan C. *Moral Injury and the Ethic of Care*. En: *The Ethic of Care*. Monographs of the Víctor Grífols i Lucas Foundation (30). Barcelona: Fundació Víctor Grífols i Lucas; 2013. 10-37.

74 Noddings N. *In Defense of Caring*. J Clin Ethics. 1992 Spring;3(1):15-18.

75 Thayer-Bacon BJ. Exploring the Contributions of Sara Ruddick, Nel Noddings, and Ayya Khema to Care Theory and Peacebuilding. Oxford Research Encyclopedia of Education. 23 Feb. 2021. Disponible en: https://oxfordre.com/education/view/10.1093/acrefore/9780190264093.001.0001/acrefore-9780190264093-e-1265 (acceso: 12 de marzo de 2025).

76 Tronto JC. *An Ethic of Care*. Generations. 1998 Fall;22(3):15-20.

77 Adler HM. The Sociophysiology of Caring in the Doctor-Patient Relationship. J Gen Int Med. 2002; 17: 883-890.

78 Montoya GJ. *La ética del cuidado en el contexto de la salud sexual y reproductiva*. Acta Bioethica. 2007;13(2).

relación entre dos personas, una que cuida y otra —vulnerable y necesitada— que responde. La disposición a cuidar es la inclinación por acoger al enfermo para atender sus necesidades. Hay que responder a las necesidades de la *otra* persona vulnerable. Lo prioritario es la obligación de cuidar (en terminología de ética de las virtudes, es su *telos*) y las acciones se deben orientar a la fidelidad con dicho compromiso. Entre las virtudes y valores precisos para que el sanitario esté comprometido con el cuidado del enfermo, se encuentran, entre otras, la particularidad, el afecto, la simpatía, compasión, dedicación, responsabilidad, fidelidad o el respeto la tradición de la comunidad.

La ética del cuidado se centra en los vínculos concretos, pero destaca la necesidad de contextualizar el cuidado en la comunidad. Las normas de cuidado dependen más del contexto y de los valores de la comunidad que de consideraciones abstractas (principios). Joan Tronto[79] defiende que todos tenemos responsabilidad con el cuidado, no sólo los profesionales sanitarios. En nuestras sociedades no hay sujetos de primera, ajenos al cuidado, y de segunda, los que cuidan. El cuidado no es una cuestión privada, sino una responsabilidad de todos y cada uno. No se trata de transferir el cuidado al eslabón más débil, sino de construir una «sociedad cuidadora». De democratizar el cuidado.

Éticas deontológicas: el principialismo en bioética

Los principios de ética biomédica

Albert Jonsen señalaba que el principialismo refleja la necesidad cultural norteamericana de subsumir las nuevas realidades bajo principios claros que no permitan ambigüedades en las

---

79 Tronto J. *There is an alternative: homines curans and the limits of neoliberalism*. International Journal of Care and Caring 2017;1(1), 27-43.

decisiones morales. Denominaba *moralismo americano* a este abordaje.[80] El principialismo que ha tenido más éxito en bioética ha sido el de Tom L. Beauchamp y James F. Childress. En el libro de 1979 *Principles of Biomedical Ethics* extendieron el procedimiento principialista del Informe Belmont a las decisiones clinicas. Los conflictos en ética clínica, al igual que en investigación, se pueden explicar a través de los principios de ética biomédica:

1) *Respecto a la autonomía del paciente.* Además de respetar su voluntad libre, hay que promoverla. No sólo hay que abstenerse de obstaculizar la libertad, sino procurar que se den las condiciones necesarias para ejercerla.

2) *No maleficencia.* No hay que producir daño intencionadamente. No existe la medicina sin daño ni riesgos. Son intrínsecos a las actuaciones médicas. Se trata de estimar a priori, de un lado, los riesgos y daños y, de otro, los posibles beneficios. Este principio indica que no hay que realizar las acciones que supongan más riesgo/daño que beneficio.

3) *Beneficencia.* Se debe buscar lo mejor para el enfermo, considerando sus intereses y preferencias. En la ética médica clásica, la beneficencia era identificada con el criterio de indicación: lo beneficente era lo indicado médicamente (científicamente). T. L. Beauchamp y J. F. Childress resignifican la beneficencia al considerar también la autonomía del paciente, porque ningún principio debe ser interpretado por separado. Hay que ofrecer al paciente las diferentes opciones y lo beneficente es lo que el paciente, una vez informado, decide.

4) *Justicia.* Este principio se interpreta de menara diferente en investigación y en clínica. En investigación se refiere a

---

80   Jonsen AR. *American Moralism and the Origin of Bioethics in the United States.* J Med Philos. 1991 feb.;16(1):113-130.

la forma de seleccionar a los sujetos de investigación para, por ejemplo, no abusar de determinados sujetos ni de grupos vulnerables. En clínica hace referencia a la distribución equitativa y adecuada de los recursos sanitarios. Estos son limitados, por lo que hay que establecer la forma de distribuirlos entre los miembros de la sociedad, considerando las cargas y costes precisos para su mantenimiento.

Siguiendo a David Ross y a Willian Frankena,[81] los principios deben ser considerados *prima facie*: deben cumplirse, excepto si, en una situación particular, entran en conflicto con una obligación de igual o de mayor rango, por ejemplo, con otro principio o con una norma legal. Para T. L. Beauchamp y J. F. Childress ningún principio es absoluto y no existe jerarquía entre ellos. Siempre existirá una situación en la cual uno de ellos será prioritario sobre los demás. Al tomar decisiones en una situación concreta, como son principios generales que guían y orientan los actos, deben ser interpretados, especificados y balanceados de acuerdo con los detalles del caso concreto. La especificación consiste en partir de los principios, para llegar a normas más específicas, siendo preciso en este proceso la ponderación con otros factores implicados. Al deliberar en un caso concreto, se tienen que considerar las circunstancias y las consecuencias de las posibles decisiones. Las circunstancias y consecuencias de los actos establecen el deber actual al que obligan los principios.

El principialismo de T. L. Beauchamp y J. F. Childress ha tenido un enorme éxito internacional. Este éxito se explica porque es un esquema sencillo y porque, además, los cuatro principios concentran gran parte de la problemática presente en bioética clínica:

---

81   Frankena WK. *Egoistic and deontological theories. En: Ethics.* Englewood Cliffs, New Jersey: Prentice-hall, INC; 1973. 25-27.

1) En la relación clínica, el núcleo de la medicina, hay dos actores, uno que quiere ayudar (cuidar) y otro que necesita ayuda (cuidado). El primero tiene los deberes de *no hacer daño* —común a toda ética— y de procurar un *beneficio para la salud* del paciente, el objetivo principal de la medicina. Al segundo es preciso reconocerle su *libertad de elección*, un supuesto básico para la ética.

2) Los dos actores, paciente y clínico, no están aislados. Hay un *contexto alrededor*, unos recursos que implican a otros usuarios y a la sociedad, por lo que es necesario considerar la mejor forma de gestionar dichos recursos.

Principios europeos de bioética

En 1998, en el contexto de un proyecto financiado por la Comunidad Europea liderado por el Centro de Ética y Derecho de Copenhague, donde trabajaban Peter Kemp y Jacob Dahl Rendtorff, se consensuaron los denominados *principios europeos de bioética*. Estos principios se diseñaron como alternativa al principialismo norteamericano, de carácter liberal, de T. L. Beauchamp y J. F. Childress, que gira en torno a la autonomía decisoria de los individuos.[82] La tesis de la Declaración de Barcelona (2000) es que existen gramáticas alternativas al individualismo norteamericano más próximas a la cultura europea. La narrativa europea, de acuerdo con sus valores y cultura, debe incorporar, junto a la autonomía, principios que permitan comprender mejor la realidad profunda de ser humano enfermo.

El proyecto señala que los principios éticos básicos no son ideas universales, eternas ni verdades transcendentales, sino guías para la reflexión fundadas en valores importantes en la cultura

---

82   Rendtorff JD, Kemp P. *Basic Ethical Principles in European Bioethics and Biolaw*, vol II, Partner's Research. Barcelona y Copenhague: Institut Borjà di Bioètica y Centre for Ethics and Law; 2000. 25-45.

europea. Proveen los fundamentos normativos para el respeto que precisa el cuerpo humano. Indican además cuál debe ser la moralidad pública que inspire el diseño de los sistemas sanitarios y de la legislación de la Unión Europea. Los principios de la Declaración de Barcelona están interconectados en una narrativa que justifica la protección de la persona humana:[83]

1) *Autonomía.* No solo en el sentido liberal de *permiso,* sino sobre todo entendida como *capacidad de* y *capacidad para.*
2) *Dignidad.* Es diferente de la autonomía, porque todo ser humano posee dignidad y no necesariamente autonomía. Es un valor intrínseco, el sustrato que permite construir la moralidad en las relaciones humanas. Se refiere asimismo a la inviolabilidad de la vida humana individual, que no debe ser comercializada.
3) *Integridad.* Entendida como la coherencia narrativa de la vida de una persona, su unidad narrativa. Se debe considerar la unidad personal total, por lo que sólo es lícito intervenir sobre una parte del cuerpo si va en beneficio de todo el organismo.
4) *Vulnerabilidad,* aunque formulada como principio, debería ser *protección y respeto a la vulnerabilidad.* Al manejar la vida humana hay que considerar la especial situación de vulnerabilidad que vive el enfermo. La vulnerabilidad en una sociedad pluralista es un puente entre seres moralmente extraños, porque nos lleva a incorporar al vulnerable en la comunidad moral. Resulta esencial para diseñar las políticas públicas en el estado del bienestar.

---

83 Rendtorff JD. *Principios* éticos *de la bioética y el bioderecho europeos: autonomía, dignidad, integridad y vulnerabilidad.* Revista Principia Iuris, mayo-agosto 2020, Vol. 17, N° 36; 55-67.

¿Existe jerarquía entre los principios?

El principialismo de T. L. Beauchamp - J. F. Childress y los *principios europeos* no jerarquizan los principios; no establecen la preeminencia de ningún principio. El caso concreto establece la priorización. Por ejemplo, en la propuesta de T. L. Beauchamp y J. F. Childress se realiza a través de la especificación.

Algunos autores, sin embargo, han intentado establecer una jerarquía entre los principios. Para Diego Gracia,[84] la *ética de máximos* es individual y persigue la felicidad. Son obligaciones morales privadas y, por tanto, intransitivas. Estas vienen definidas por los principios de autonomía y beneficencia. Constituye el máximo moral que cada individuo se exige a sí mismo. La ética de máximos es propia y distinta en cada sujeto. Nadie puede obligar a otro a actuar conforme a su idea concreta de felicidad y de hacer el bien. La *ética de mínimos*, sin embargo, es pública. Son obligaciones transitivas de igual consideración y respeto por todos, porque regulan la relación entre los seres humanos. Viene definida por los principios de no maleficencia (respeto de la integridad física de las personas) y de justicia (no discriminación en la vida social), que se fundamentan en la exigencia de igualdad y respeto entre iguales. Este nivel establece los deberes comunes exigibles para todos. Instituye una ética pública que se plasma en el Derecho. Para D. Gracia los principios de la ética de mínimos (nivel 1) son jerárquicamente superiores porque protegen el bien común, mientras que la ética de máximos (nivel 2) trata sobre el bien particular. El nivel 1 obliga aun en contra de la voluntad de las personas, por lo que, en caso de conflicto entre ambos niveles, siempre tiene prioridad el nivel 1 sobre el 2.

---

84   Gracia D. Ética *médica*. En: Medicina Interna, Farreras Rozman, 13ª edición. Ediciones Mosby/Doyma Libros, Madrid, 1995, 1-7

Bioética personalista

Aparte de las propuestas señaladas, existen principialismos más sustantivos, que gradúan y jerarquizan los principios en función de lo que D. Gracia denomina *nivel 2*, es decir, de valores particulares o privados. Es el caso de la bioética personalista, esgrimida en determinados contextos católicos. El personalismo considera que la vida humana tiene un valor superior al resto de valores en juego en las decisiones bioéticas.[85] Traza como principios el valor fundamental de la vida, el principio de totalidad o principio terapéutico, el principio de libertad y responsabilidad, y el principio de socialidad y subsidiaridad.

El excepcional valor de la vida de la persona humana, desde su concepción hasta la muerte, es el filtro que determina la licitud o ilicitud de las intervenciones sobre la salud. La vida humana merece un trato diferente y especial en todas sus fases. Fundamenta y posibilita el resto de los principios. Elio Sgreccia[86], uno de los bastiones de la bioética personalista, al describir el principio de defensa de la vida física (orgánica, corporal), especifica que la defensa activa y la promoción de la vida física representan el primer imperativo ético del hombre para consigo mismo, porque constituye el valor fundamental de la persona misma. Argumenta que el derecho a la vida precede al derecho a la salud, debido a que este es un valor subordinado y derivado de la vida. Si existe la obligación moral de defender y promover la salud para todos los seres humanos, más fundamento tiene la promoción y defensa de la vida humana en todas sus fases.[87]

---

85   Sgreccia E. *La posizione della Chiesa di fronte alla vita e alla salute nell'attuale contesto socioculturales.* Camillianum 13, 2005, 9-31.

86   Sgreccia E. *Manual de bioética* I: Fundamentos y ética biomédica. Madrid: Biblioteca de Autores Cristianos; 2009. 70-73, 187-211.

87   Palazzani L. *La fundamentación personalista en bioética.* Cuadernos de Bioética. 14(2.º) 93:48-54.

Éticas consecuencialistas: el utilitarismo en las políticas públicas

Una ética de resultados

El consecuencialismo trata de dilucidar cuál es la decisión que obtiene mejores resultados. No considera la intención de los actores. Coloca el bien moral al final de la acción, en el resultado. Peter Singer se ha esforzado en aplicar el consecuencialismo en bioética. En Ética práctica (1980)[88], explica que los consecuencialistas no empiezan con las normas morales, sino con los objetivos. Valoran los actos en función de si favorecen la consecución de dichos objetivos. El utilitarismo es un tipo de consecuencialismo, el más conocido y, para Peter Singer, el mejor justificado. Es un consecuencialismo no egoísta, porque su norma general es realizar el mayor bien para la mayor cantidad de personas.[89]

Utilitarismo de acto y de regla. Hedonista y de preferencias

Averiguar qué es lo mejor para el mayor número de personas, qué maximiza la utilidad, no es sencillo, por lo que existen varias versiones de *utilitarismo*.[90] Para el *utilitarismo de acto*, la acción correcta es aquella que obtiene las mejores consecuencias o, al menos, las no peores para el sujeto que decide. Tiene una perspectiva de utilidad individual, pudiendo conducir al egoísmo ético. Juzga la ética de cada acto de forma independiente: en cada situación específica, el sujeto establece qué se debe hacer. Una decisión utilitarista individual podría tener

---

88   Singer P. Ética *práctica*. Barcelona: Ariel; 1995. 1-18.

89   Singer P. *Utility and the Survival Lottery*. Philosophy. 1977 abr.;52(200):218-222.

90   Singer P. *Voluntary Euthanasia: A Utilitarian Perspective*. Bioethics. 2003 oct.;17(5-6):526-541.

malas consecuencias generales o a otros niveles. Para el *utilitarismo de regla*, la acción correcta es aquella que sigue la regla o clase de acciones que habitualmente tendría las mejores consecuencias o, al menos, las no peores para la mayor cantidad de personas. Tiene en cuenta, ante todo, el bien común o general. Las leyes son a menudo instancias del utilitarismo de regla. Se eligen porque producen globalmente las mejores consecuencias. El utilitarismo de regla no es un mero situacionismo, como el utilitarismo de acto, porque incorpora reglas generales, eso sí, acordes con el principio de utilidad.

Estas dos versiones del utilitarismo pueden contradecirse. Por ejemplo, si el acto que tiene las mejores consecuencias para un sujeto está prohibido por una regla. Sucede cuando las libertades individuales entran en conflicto con el bien general, ya sea porque los individuos ignoran las leyes marcadas utilitariamente o porque exigen para ellos (o sus familiares) un recurso escaso. Según Richard M. Hare[91], el pensamiento moral ocurre en dos niveles: 1) El intuitivo, constituido por principios *prima facie* sólidos, que sirve para actuar con eficacia y rapidez en la vida cotidiana. Es el conjunto de reglas generales justificadas por el utilitarismo de regla, que no precisan de una reflexión prolongada (no matar, no robar, ser honesto, etc); 2) El crítico, que es más reflexivo y deliberativo (sistemas 1 y 2 en psicología). Requiere elegir la acción que maximizará el bien cuando pensamos tranquilamente y con todos los hechos en la mano. Es necesario para situaciones complejas, donde hay tiempo para pensar qué es lo correcto y donde, según R. M. Hare, habría que aplicar el utilitarismo del acto. El pensamiento crítico tiene como objetivo seleccionar el mejor conjunto de principios *prima facie* para su uso en el pensamiento intuitivo.

---

91   Scarre G. *Utilitarianism*. Routledge, London, 1996, 172-179.

Tanto los utilitaristas de acto como los de regla basan sus juicios en las mejores consecuencias. La cuestión, para ambos, es saber cuáles son. Qué bienes o valores hay que preservar al final de la acción. Para el *utilitarismo clásico* o *hedonista* de Jeremy Bentham, John Stuart Mill o Henry Sidgwick, solo se deben considerar como intrínsecamente significativos el placer y el dolor, la felicidad y el sufrimiento. Deseamos el placer y la felicidad, mientras que huimos del dolor y del sufrimiento. Para el hedonismo, lo intrínsecamente bueno son las experiencias positivas de placer y felicidad, mientras que lo intrínsecamente malo son las experiencias negativas de dolor e infelicidad. El resto de los bienes son significativos solo en la medida en la que afectan a la felicidad y al sufrimiento de los seres sintientes. El *utilitarismo de preferencias* responde de otra manera a la pregunta sobre las mejores consecuencias: es mejor vivir una vida con menos felicidad o placer (incluso con más dolor y sufrimiento), si con ello se satisfacen otras preferencias o valores más importantes para los sujetos. Se anteponen otros bienes a la felicidad y al placer, como, por ejemplo, la igualdad, la libertad o la salud.

Peter Singer y Julian Savulescu: la máxima utilidad global

El utilitarismo Peter Singer es de regla y preferencias. Busca normas útiles generalizables (universalizables), considerando que el curso de acción correcto es aquel que, a largo plazo, satisface más preferencias —los valores o bienes prioritarios— de las que frustrará. Los principialistas tildan a los utilitaristas de relativistas, porque no les importan tanto los principios a respetar, sino la estrategia a seguir para obtener el mejor resultado. Sin embargo, P. Singer ataca el relativismo subjetivista: la ética busca realizar juicios éticos desde un punto de vista universal y los intereses particulares de alguien (sus «principios») no pueden contar más que los intereses particulares de cualquier otro. La ética es relativa a la sociedad en la que a uno le ha tocado vivir y las acciones pueden estar bien en una situación (por sus buenas consecuencias) y mal en otra (por las malas consecuencias). Pero esto no significa que se pueda justificar cualquier opción porque dependa de la cultura, del punto de vista o del interés particular.[92]

Julian Savulescu, australiano como Peter Singer, ha aplicado el utilitarismo de regla y preferencias a las políticas públicas y a la salud pública. Por ejemplo, al reparto de recursos sanitarios escasos, el ámbito donde mejor se justifica dicho utilitarismo.[93] Las políticas públicas en sanidad a menudo están impulsadas por meros intereses políticos cortoplacistas o por la opinión popular, no por la ética, es decir, por la búsqueda de lo bueno y de lo mejor. Gran parte de las decisiones éticas en políticas públicas no buscan lo mejor para la mayoría, sino satisfacer determinadas demandas sociales, soportan ideología, moralismo y, a veces, falsas ilusiones como, por ejemplo, hacer desaparecer problemas éticos complejos. El enfoque utilitario no es fácil. Pretende aterrizar las políticas públicas valorando cuidadosamente y con responsabilidad las consecuencias de las acciones. Para hacerlo es preciso enfrentarse sin tapujos a los hechos y a los valores en juego. Elegir el curso de acción que beneficiará más a la mayoría de las personas, además de difícil, puede resultar contraintuitivo, porque es posible tener que optar por decisiones futuras globalmente mejores, que dejan a un lado valores u opciones presentes más visibles y sensibles para los decisores. Aunque el utilitarismo es una teoría exigente, puede ahorrar daños y sufrimientos evitables. Si se anteponen intereses presentes o valores particulares (autonomía, privacidad, dignidad, libertad) a la máxima utilidad global, debe hacerse con plena consciencia de las consecuencias, del daño global causado y del coste ético. Hay

---

92   Singer P. *Voluntary euthanasia: a utilitarian perspective.* Bioethics 2003 Oct;17(5-6):526-41.

93   Savulescu J. *Consequentialism, Reasons, Value and Justice.* Bioethics. 1998 jul.;12(3):212-235.

que tener buenas razones para elegir deliberadamente un curso de acción que, para el conjunto, sea peor.[94]

La pregunta en políticas públicas es qué opciones generarán el mayor beneficio general, lo cual puede ser diferente de la mera distribución igualitaria o equitativa de un bien. Para J. Savulescu hay que equilibrar la distribución equitativa de los recursos con la beneficencia entre sí, es decir, con el mayor beneficio real general. A pesar de sus limitaciones, la mejor guía para identificarlo es la ciencia, las mejores pruebas disponibles acerca de lo que sucederá cuando tomamos una determinada decisión. Tenemos que guiarnos por lo que científicamente se predice que será mejor. Como el utilitarismo suele aceptar que los casos de bondad y maldad se pueden agregar de forma cuantitativa, la utilidad esperada de una acción sería la suma del valor de los diferentes resultados (casos) probables derivados de dicha acción.[95]

Existen reglas generales utilitarias que pueden guiar la toma de decisiones para el reparto de los recursos sanitarios y que son aplicables en salud pública. Estas reglas se fundan en la neutralidad y en el igualitarismo que postula el utilitarismo de regla. Como explica R. M. Hare,[96] en la mayoría de las situaciones sobre las que tenemos que hacer juicios morales intervienen personas diferentes. Al tomar una decisión, tenemos que tratar por igual los intereses, fines y preferencias de todos los afectadas por nuestras acciones. Hay que mostrar igual preocupación y respeto por todos los implicados en nuestras decisiones. Preferencias iguales tienen el mismo peso. Debemos tratar los intereses de los demás al mismo nivel que los propios. Esto es lo que implica ser justo con todos los afectados y obedecer el mandato de J. Bentham: «Todos deben contar por uno, nadie por más de uno».

---

94 Savulescu J. Good. *Reasons to Vaccinate: Mandatory or Payment for Risk?* Journal of Medical Ethics. 2020;47,2:78-85.

95 Savulescu J. Good *Reasons to Vaccinate: Mandatory or Payment for Risk?* J Med Ethics. 2021 feb.;47(2):78-85.

96 Hare RM. *Could Kant Have Been a Utilitarian?* Utilitas. 1993 may.;1(5):1-16.

Reglas para el reparto de recursos limitados

Julian Savulescu, Ingmar Persson y Dominic Wilkinson han propuesto unas reglas utilitarias para repartir los recursos sanitarios en salud pública, especialmente si son escasos.[97]

Regla del número

Se debe extender el recurso más beneficioso a la mayor cantidad posible de personas. Para ello, se requieren información precisa y evidencias científicas. Sin pruebas convincentes es menos probable elegir los medios que produzcan el mayor beneficio. Conocer cuál es el recurso más beneficioso requiere de investigación para obtener la mejor estimación de las consecuencias y probabilidades dentro de la gama de posibles cursos de acción. Lo que más importa es el mayor bien (el bienestar) general, por lo que otros bienes o valores particulares, como la libertad o determinados derechos individuales, tienen que estar subordinados al mayor bienestar.

Regla de la duración o de la longitud

Según el utilitarismo, es importante cuánto tiempo se disfrutará de un beneficio, La cantidad de bien que el recurso produce globalmente y en cada sujeto. Por ejemplo, para un tratamiento que salva vidas, se debe preferir aquel que salva la vida más tiempo.

Regla de la calidad de vida

Los utilitaristas no sólo consideran la cantidad (número y duración del beneficio, por ejemplo, vidas salvadas y cuánto vivirán

---

97   Savulescu J, Persson I, Wilkinson D. *Utilitarianism and the Pandemic.* Bioethics. 2020 jul.; 34(6):620-632.

esas personas), también importa cómo vivirán esas personas, su calidad de vida. El utilitarismo no busca necesariamente salvar la mayor cantidad de vidas, sino lograr el mayor bienestar general, incluida la duración y la calidad de vida. Si los años de vida salvados son de calidad reducida, influye en el beneficio general y en si vale la pena asumir dicho coste económico. Comparar o medir el bienestar entre grupos de individuos no es sencillo. No es necesariamente cierto que alguien con discapacidad tenga menos bienestar y calidad de vida. ¿Qué hace que la vida de una persona sea buena y posea bienestar? Entre otras cosas, su felicidad, la satisfacción de sus deseos y su plenitud como ser humano, lo cual incluye, entre otras cosas, tener relaciones plenas y profundas con los demás y ser autónomo.

Beneficio social

Según el utilitarismo, todas las consecuencias de las acciones, tanto a corto como a largo plazo, directas e indirectas, son relevantes en las decisiones. Hay que considerar, además del beneficio para la persona directamente afectada por una acción, los posibles beneficios para otros. Esto se denomina *beneficio social* o *valor social*. Desarrollar reglas generales para evaluar el valor social es complejo. Puede conducir a cometer abusos y muchas veces es difícil aplicarlas con justicia. El utilitarismo debe cuidar los posibles abusos derivados de la aplicación de sus reglas. Si al operacionalizar las reglas hay riesgo de cometer abusos, se tiene que reconsiderar ponerlas en práctica.

Imparcialidad

El utilitarismo pretende maximizar el bien concebido imparcialmente. El utilitarismo de nivel crítico es una teoría igualitarista, carente de fronteras personales o nacionales. Se debe considerar de forma imparcial e igualitaria el bienestar de todas las criaturas sintientes. Es necesario tener en cuenta a las personas mayores y jóvenes, a los enfermos y sanos, a los del propio país y al nivel internacional, a las personas actuales y a las futuras. La política correcta es aquella que maximiza el bienestar general de todas las personas en todos los países. El utilitarismo abraza la igualdad imparcial y radical. En igualdad de condiciones, todo el bienestar y las muertes son iguales, sean estas de seres queridos o de desconocidos.

Importa el resultado, no cómo surge el resultado

No cuenta la intención ni el origen de la decisión, sino el resultado real. Somos responsables del resultado de todas nuestras decisiones. De las consecuencias de nuestros actos y también de las de nuestras omisiones. Es moralmente irrelevante, por ejemplo, si la ausencia del soporte vital es el resultado de una omisión (no iniciar la medida; *withdrawing*) o de un acto (retirarlo; *withholding*). Lo relevante es el resultado, no la intención. Igualmente, no implementar una buena política pública equivale a aplicar una mala política si el resultado de ambas decisiones es el mismo. La decisión de "no hacer" no nos exime de responsabilidad.

Responsabilidad

Para los utilitaristas, somos moralmente responsables en la medida en que los efectos de nuestros actos u omisiones son previsibles y tenemos control sobre ellos. Las intenciones son irrelevantes. Lo que importa no es lo que queremos que suceda, sino lo que podemos prever y lo que realmente sucede. Somos responsables de una acción incluso si las consecuencias no son intencionadas, pero sí son previsibles y evitables. Esto implica que no adoptar un curso de acción que produciría mayor bien o evitaría más daño, equivale a causar dicho daño intencionalmente. La responsabilidad moral por elegir una decisión peor es alta. El utilitarismo es una teoría muy exigente. Siempre que, de manera previsible y evitable, provocamos una situación peor o que no es la óptima, somos moralmente responsables y culpables. Si, por ejemplo, para lograr la mejor política pública se requiere más investigación, somos responsables de las muertes que ocurren por nos realizar dicha investigación.

Evitar sesgos y errores cognitivos contrarios al mayor bien

Se deben evitar los sesgos psicológicos, las emociones, intuiciones y heurísticas que impidan que se realice el mayor bien. Dado que gran parte de las decisiones ordinarias están impulsadas por emociones, prejuicios y heurísticas, el utilitarismo parece contrario a la moral convencional de la mayoría de las personas. En ocasiones los humanos se conmueven y motivan más con el sufrimiento directo de un solo sujeto, por ejemplo, si es muy cercano o si se publicita en los medios de comunicación, en lugar de tomar medidas que previenen el sufrimiento de una cantidad mayor de individuos desconocidos o no identificables. Un sesgo en políticas públicas es el del futuro cercano. El deseo de evitar daños o muertes presentes es más fuerte que el deseo de evitar daños o muertes futuras, incluso si se produce una pérdida de oportunidad, es decir, si el daño futuro es mayor. Para el utilitarismo las vidas estadísticas importan tanto como las vidas identificables. Deberíamos dar el mismo peso a la salud o vida de los extraños, incluso si son de otros países, que a la de los seres cercanos. El utilitarismo favorecería desviar recursos hacia donde los efectos positivos sean mayores.

Casuismo: la analogía en bioética

Primero el problema y sus detalles

El casuismo ético tiene una larga tradición en la medicina. Basta asomarse a la Ética a Nicómaco, donde Aristóteles ejemplifica muchas reflexiones con casuística médica. También lo hizo santo Tomás, paradigma del casuismo medieval. El casuismo o la casuística no atiende a un conjunto predeterminado de principios generales, cuya determinación y fundamentación resulta complicada, sino a lo concreto. Se detiene ante las circunstancias específicas del caso, a cómo estas pueden informar y modificar las decisiones. En *Hombres a la carta* (1998), Javier Sádaba y José Luis Velázquez argumentan que en bioética es necesario «volver a la casuística para intentar resolver los problemas científicos y médicos del momento»,[98] considerando los pequeños detalles de cada problema. Desde los años setenta, A. R. Jonsen insistió en que muchos juicios médicos son, en el fondo, juicios morales, por lo que el casuismo es una teoría fácilmente transportable a la ética médica. La ética no consiste en formular principios y normas. No es una teoría sobre generalidades y abstracciones. Como indicaba James Drane, los hechos y circunstancias particulares de los actos humanos condicionan directamente que el acto sea considerado bueno o malo.[99] Al evaluar las decisiones, las circunstancias son tan importantes como las normas implicadas.

Para el casuismo, una moral deductiva de grandes principios y de imperativos no soluciona los problemas éticos de la medicina. Por un lado, porque pueden resultar excesivamente abstractos y alejados del problema real. Por otro, porque no existen valores ni principios absolutos que prevalezcan sobre los demás en cualquier circunstancia, ni siquiera la vida o la salud. Es absurdo tratar de identificar principios, valores o normas que sirvan para resolver todos los casos, porque siempre habrá situaciones concretas en las que otros principios o valores tendrán más prioridad que los previamente identificados. La casuística no niega la existencia de deberes establecidos por valores, principios o normas.

---

98 Sádaba J, Velázquez JL. *Los dilemas de la bioética*. En: Hombres a la carta, Sádaba J, Velázquez JL (autores). Madrid: Temas de Hoy; 1998. 30-37.

99 Drane JF. *Métodos de ética clínica. Bol* Of Sanit Panam. 1989;108(5,6):415-426.

Indica que estos son relativos a las circunstancias concretas del caso, por lo que es preferible iniciar la discusión partiendo de las circunstancias.[100]

Se tiene que analizar cada caso individualmente, su contexto y detalles. Solo después se deben considerar los valores, principios y normas éticas implicadas. Que los principios sean relativos a los detalles del caso no supone aceptar el relativismo («todo es relativo»), sino reconocer que es necesario adaptar el campo prescriptivo de los principios, valores y normas a las circunstancias y detalles del problema. Dado que el casuismo se focaliza en los detalles del problema y en sus implicaciones prácticas, se sitúa próximo al consecuencialismo. Peter Singer explica la conexión que hay entre casuismo y utilitarismo:

> Las consecuencias de una acción varían según las circunstancias en las que se desarrolla. Por lo tanto, a un utilitarista nunca se le podrá acusar acertadamente de falta de realismo, o de adhesión rígida a ciertos ideales con desprecio de la experiencia práctica. El utilitarista juzgará que mentir es malo en ciertas circunstancias y bueno en otras, dependiendo de las consecuencias.[101]

No obstante, el casuismo no es un consecuencialismo. La medicina plantea problemas complejos que no se solucionan aplicando automáticamente principios (deontologismo) ni haciendo un frío cálculo de posibilidades y resultados (consecuencialismo), sino tomando decisiones ajustadas a los detalles concretos del caso. A los matices que aportan los implicados (sus sentimientos, valores, intereses), considerando las características culturales y el contexto social. La especificidad de cada caso sobrepasa las ideas preconcebidas que se tienen de los problemas. Indica los límites

---

100   Jonsen AR. Casuistry: An Alternative or Complement to Principles? Kennedy Inst Ethics J. 1995 sep.;5(3):237-251.
101   Singer P. Ética *práctica*. Barcelona: Ariel; 1995. 4.

de las teorías éticas y las excepciones a las normas morales. Sin olvidar que de cada caso-problema se puede aprender para abordar mejor los siguientes.

Stephen Toulmin

En bioética, el casuismo se desarrolló en Estados Unidos los años setenta y ochenta como alternativa al principialismo. Los casuistas consideraban que los principios son demasiado generales y rígidos. Stephen Toulmin, uno de los refundadores del casuismo contemporáneo, contribuyó a su introducción en bioética. Para S. Toulmin los conceptos y principios éticos son abstractos y carecen de significado práctico.[102] Son abstracciones intelectuales difíciles de fundamentar y, sobre todo, poco operativas. Mark Siegler explica cómo S. Toulmin «fue muy importante en la evolución de la ética clínica, porque estaba muy vinculado al mundo práctico de la filosofía y muy volcado en hacer la filosofía más comprensible y práctica a finales del siglo XX, en comparación con lo que se hacía desde hacía mucho tiempo».[103] S. Toulmin participó del enfoque práctico de la ética clínica que se hacía en la Universidad de Chicago en los años setenta. Una ética, como explica M. Siegler,

> casuística, basada en los casos. A él le encantaban esas dos ideas. Nuestras rondas de casos temáticos semanales estaban muy basadas en los casos […]. Escuchábamos a un residente o a un médico responsable hablar sobre un caso suyo que habíamos visto la semana anterior y que nos había planteado dificultades. […] hacíamos la consulta ética en la cabecera del enfermo. […] redactábamos una nota de consulta y la incluíamos en la historia clínica.

---

102   Toulmin S. *The Tyranny of Principles*. Hastings Cent Rep. 1981 Dec;11(6):31-39.
103   Fins JJ. *En persona. Entrevista a Mark Siegler*. EIDON. 2016 jun.;45: 64-83.

En *Cómo la medicina salvó la vida de la ética*,[104] S. Toulmin explica que en los años sesenta el debate ético era teórico. Los académicos se dividían entre absolutistas, que se aferraban a sus principios y posiciones incuestionables, y relativistas, que no ofrecían respuestas porque todo dependía de la diversidad de deseos, sentimientos y actitudes. Sin embargo, como había experimentado junto a M. Siegler, los problemas que había traído la medicina en los años sesenta obligaban a que la filosofía aterrizase. Ante los nuevos problemas, era preciso tomar partido y buscar acuerdos, para lo cual no valían ni los dogmas ni el relativismo. En esta búsqueda racional de respuestas, se debía atender a los detalles de los problemas. Era necesario analizar los casos concretos, en lugar de esforzarse en buscar principios universales, porque la ética médica es similar a la práctica clínica: se focaliza en los casos problemáticos de la vida real. La ética clínica se puede enfocar de forma similar a la práctica clínica, donde las pautas terapéuticas y las recomendaciones generales tienen que precisarse en cada caso concreto, traducido a través del aforismo «no hay enfermedades, sino enfermos».

Clinical Ethics. The four topics

S. Toulmin abrió las puertas a la casuística en bioética, influyendo en autores como Albert Jonsen y Mark Siegler. Dos años después de publicarse *Principios de ética biomédica* (1979), M. Siegler criticaba la falta de operatividad de su enfoque desde los principios. Señalaba la necesidad de centrarse en las circunstancias y detalles de *este* caso, de *este* paciente.[105] Invocando principios y

---

104   Toulmin S. *How Medicine Saved the Life of Ethics*. Perspect Biol Med. 1982 Summer;25(4):736-750.
105   Siegler M. *Searching for Moral Certainty in Medicine: A Proposal for a New Model of the Doctor-Patient Encounter*. Bull N Y Acad Med. 1981 enero-febrero; 57(1):56-69.

deberes generales no se resuelven adecuadamente los problemas éticos de la medicina. Es preciso aterrizar en los detalles concretos de los casos. M. Siegler explica[106] que los médicos toman constantemente decisiones y se sienten razonablemente cómodos al hacerlo. En contraste, para ellos las decisiones clínico-éticas son extremadamente difíciles. Para resolver estos problemas, M. Siegler ofrece el método casuista, indicando que no es la panacea, pero al menos proporciona una aproximación sistemática a los casos ético-clínicos, porque analiza con detalle todos los hechos relevantes del problema para organizarlos, realizar las críticas pertinentes y sopesarlos con otras consideraciones. El casuismo permite establecer una *checklist* para que los clínicos tengan en cuenta los aspectos más relevantes del problema. M. Siegler aclara que este método no dicta conclusiones. Las establece la conciencia del clínico, que es quien finalmente formula el juicio.

La estrategia casuista de M. Siegler está basada en cuatro pasos, analizando, por orden de importancia: 1) las indicaciones médicas; 2) las preferencias del paciente; 3) la calidad de vida; 4) los factores externos, más adelante denominados *factores contextuales*. M. Siegler publicó en 1980, junto a Albert Jonsen y William Winslade, *Clinical Ethics*, donde exponen su metodología casuista, un método para llegar a decisiones justificadas y argumentadas partiendo del caso concreto. En su sistemática se atiende inicialmente a las circunstancias y detalles del caso-problema, descritas ordenadamente en función de los cuatro tópicos o temas descritos. Son los aspectos más importantes que deben ser analizados en cada caso:

- *Indicaciones médicas.* El primer tema que hay que aclarar en cualquier problema de ética clínica son las indicaciones

---

106   Siegler M. Decision-Making Strategy for Clinical-Ethical Problems in Medicine. Arch Intern Med. 1982 nov.;142(12):2178-2179.

a favor o en contra de la intervención médica. Los hechos médicos y las interpretaciones sobre la situación física y/o psicológica del paciente proporcionan una base razonable para los juicios clínicos del médico, destinados a lograr el objetivo de la medicina: alcanzar la salud.

- *Preferencias del paciente.* Son las elecciones que hacen las personas cuando se enfrentan a decisiones sobre su salud y sobre tratamientos médicos. Reflejan la experiencia, las creencias y valores del paciente, considerando además las recomendaciones del médico. Cuando existen indicaciones médicas, el médico tiene que proponer un plan de trata-miento, que el paciente puede aceptar o rechazar.

- *Calidad de vida.* Es el tercer tema que permite compren-der cualquier problema en ética clínica. Expresa un juicio de valor: la experiencia de vivir, en su conjunto o en algún aspecto, se juzga como buena o mala, como mejor o peor. La calidad de vida cobra gran importancia en la atención al final de la vida.

- *Rasgos contextuales.* De qué forma los aspectos profesio-nales, familiares, religiosos, culturales, financieros, legales o institucionales influyen en las decisiones clínicas. Es el contexto en el que se produce el problema. Aunque la ética clínica se centra en las indicaciones médicas, en las pre-ferencias del paciente y en la calidad de vida, las decisio-nes médicas no son simples elecciones individuales entre dos agentes autónomos (médico y paciente), sino elecciones influenciadas y limitadas por el contexto.

Esta herramienta de análisis se conoce como las «cuatro cajas» (*the four topics* o *four boxes*). Primero se deben tener en cuenta las indicaciones médicas y las preferencias del paciente. Si con ello no se resuelve el caso, se atiende a la calidad de vida y a los rasgos contextuales. Posteriormente, se aplica la analogía, una metodología similar a la jurisprudencia, la tradición jurídica estadounidense. Se buscan casos similares (análogos) que sirven como modelos, los denominados *casos paradigmáticos*. Se trata de casos característicos y claros respecto a la problemática actual, en cuya solución estaría de acuerdo la mayoría. Por último, se aplican las máximas: recomendaciones y reglas particulares inducidas desde los casos paradigmáticos. Son opiniones cuidadosamente evaluadas sobre los casos paradigmáticos, que revelan tanto áreas de consenso como puntos de desacuerdo. Consejos acumulados desde la práctica para un caso paradigmático. El caso actual se tipifica por analogía, buscándose el caso paradigmático al que más se parece para asimilarlo. Se resuelve aplicando las máximas recomendadas para el paradigma, considerando además el contexto específico del caso actual.

Morfología, taxonomía y cinética

Para A. R. Jonsen, la casuística es el ejercicio del razonamiento prudencial o práctico aplicado a la relación entre: los problemas (temas o tópicos), las máximas (recomendaciones) y las circunstancias; a la relación entre los paradigmas y los casos análogos.[107] En el casuismo se delibera entre el paradigma y la analogía, entre la máxima y las circunstancias, entre las circunstancias —mayores y menores— que influyen en una decisión y en sus refutaciones. Basándose en los paradigmas, en las opiniones ponderadas (máximas) y en el razonamiento por analogía, se puede llegar a soluciones dentro del ámbito de la *certeza probable*.

Al ser una metodología construida desde la experiencia, es dinámica y se actualiza conforme evolucionan los casos. Los casos paradigmáticos (modelos) y las máximas (recomendaciones) pueden reformularse cuando se modifican o aparecen nuevos problemas.

---

107   Jonsen AR. *Casuistry as Methodology in Clinical Ethics*. Theor Med. 1991 dic.;12(4):295-307.

A esto A. R. Jonsen lo denomina *cinética*. A. R. Jonsen resumía la metodología casuista a través de las nociones *morfología*, *taxonomía* y *cinética*. La *morfología* de un caso revela la estructura invariante del caso particular, cualesquiera que sean sus características contingentes. Son también los argumentos relevantes invariantes para cualquier caso del mismo tipo. Estas características invariantes pueden denominarse *temas* o *tópicos*. La *taxonomía* sitúa (clasifica) el caso presente dentro de una serie de casos similares, lo que permite que las similitudes y diferencias entre el caso presente y el caso paradigmático dicten el juicio moral sobre el caso presente. Este juicio no se basa simplemente en la aplicación de una teoría o principio ético, sino en las circunstancias concretas del caso, en las máximas de la morfología del caso y en la comparación con otros casos. La *cinética* es la forma en la que un caso crea un *movimiento moral* con otros casos. Circunstancias diferentes y a veces sin precedentes pueden mover ciertos casos marginales o excepcionales al nivel de casos paradigmáticos.

Pragmatismo: construir la decisión

Empirismo y democracia

El pragmatismo clínico es un método de investigación de la realidad inspirado en el ideal democrático. Insta a resolver los problemas clínico-éticos a la luz de un procedimiento similar al de la democracia participativa. Se centra en el proceso interpersonal, estableciendo un procedimiento que permite negociar, implementar, evaluar las decisiones y vincularlas con el contexto específico del problema. Ha sido trasladado a la clínica por Joseph J. Fins y Frank G. Miller, basándose sobre todo en las ideas de John Dewey. Este autor formuló su teoría desde el empirismo, a través del método experimental de investigación. La denominó *construcción del bien*: las respuestas a los problemas se tienen que encontrar y pactar (construir) en la realidad social, huyendo de teorías abstractas o impuestas externamente. J. Dewey pretendía realizar una reconstrucción social a través de un sistema democrático que integrase teoría y práctica.

El pragmatismo clínico, como la filosofía de J. Dewey, tiene como objetivo construir una buena práctica clínica a través de un enfoque práctico de resolución de los problemas, que integre la toma de decisiones éticas (*teoría*) y clínicas (*práctica*). Intenta cerrar la brecha entre la teoría ética y la práctica clínica. En este procedimiento democrático no hay principios ni normas que indiquen qué es lo correcto. Son los participantes de la toma de decisiones —no los expertos— quienes lo establecen, en un proceso interactivo y dinámico.

Construir el consenso

Joseph J. Fins y Frank G. Miller señalan que las decisiones morales en la práctica clínica dependen tanto de los detalles particulares de los casos como de las consideraciones morales generales: reglas, principios y virtudes. Aunque los casuistas tienden a enfatizar lo primero y los principistas lo segundo, consideran que no existe una oposición verdadera entre ambos enfoques, porque tanto los principistas como los casuistas se concentran en el modo de razonamiento necesario para llegar a juicios morales válidos. El pragmatismo clínico analiza los detalles de los casos y considera los principios, pero los entiende como herramientas para guiar la conducta, no como leyes morales absolutas o fijas. Se aleja de las teorías abstractas y conceptuales. Los principios son meras hipótesis que deben ser validadas por sus consecuencias prácticas a la luz de los detalles clínicos y narrativos. Trata las reglas y principios morales como guías hipotéticas que identifican una variedad de opciones razonables para las deliberaciones. Cuando hay dos o más principios en conflicto (por ejemplo, la autonomía del paciente y la no maleficencia), se tiene que recurrir a los detalles del caso para resolver el conflicto y alcanzar un consenso razonable.[108] Pretende integrar la ética en la práctica clínica. Unir el pensamiento clínico y el ético en un proceso de resolución de los problemas morales que, a diferencia del principialismo y del casuismo, no emite juicios acerca de qué es lo correcto.

El pragmatismo clínico no aplica verdades, deberes u obligaciones morales absolutas, sino que articula una comprensión empírica y democrática de los problemas morales. Más que emitir juicios morales, sirve de guía para resolver los problemas, implicando a los pacientes y a sus representantes, a profesionales y bioeticistas. Su objetivo es llegar a un consenso acerca del mejor resultado, mediante un proceso exhaustivo de investigación, discusión, negociación y evaluación reflexiva. Guía este proceso para alcanzar un consenso éticamente aceptable, pero no garantiza que la decisión (el juicio moral) sea «correcta».

Para alcanzar un consenso, se establece un proceso dinámico e interactivo entre profesionales y pacientes. Se trata de averiguar cuáles son las mejores prácticas (acciones) ante un problema clínico-ético concreto. El pragmatismo emplea un razonamiento inductivo y empírico. Un método congruente con la resolución de los problemas clínicos (información clínica, formación de hipótesis, ensayos experimentales y generación de conclusiones operativas), sabiendo que sus conclusiones son contingentes y deben validarse a través de la experiencia práctica. Para aplicar este método, es necesario que los participantes tengan la capacidad de adoptar la perspectiva de los demás, de participar en un diálogo deliberativo y de negociar los objetivos de cuidado y otras cuestiones significativas.

---

108   Fins JJ, Bacchetta MD, Miller FG. *Clinical Pragmatism: A Method of Moral Problem Solving.* Kennedy Inst Ethics J. 1997 jun.;7(2):129-145.

Metodología

Su método se aproxima al casuismo por su empirismo (comienza la discusión por los detalles del problema) y porque emplea una metodología inductiva en la resolución. Sin embargo, no usa la analogía del casuismo. Se acerca al utilitarismo porque pone atención en los efectos prácticos de las decisiones. En cómo se modifica la realidad conforme se toman decisiones.

Parte de la situación problemática concreta de la práctica real para interpretar cuál es el mejor curso de acción. Tras analizar los hechos médicos, el contexto y los aspectos narrativos, se establece un juicio acerca de cuál es el curso de acción más razonable. J. J. Fins y F. G. Miller insisten en que es un proceso análogo al del diagnóstico diferencial de la práctica clínica. Su objetivo final es plantear las opciones posibles en función de la primera fase (recolección e interpretación de datos), comunicar los hallazgos y las opciones al paciente, negociar un plan de acción, realizar una intervención y, por último, evaluar su eficacia. Se hacen las revisiones periódicas precisas en aras de mejorar la decisión.

La resolución de los problemas morales es un proceso colaborativo con una serie de pasos interconectados, en los que pueden participar los profesionales sanitarios. Sus pasos —pueden simultanearse y no tienen por qué seguir necesariamente el orden propuesto— son los siguientes:[109]

1) *Reconocer el problema.* La indagación comienza con la identificación de una situación problemática.
2) *Recopilar los datos médicos, narrativos y contextuales.* Se evalúan: 1) los hechos médicos (lo primero), aclarando el diagnóstico; 2) las preferencias, los valores, los deseos y las

---

109 Fins JJ, Miller FG. *Clinical Pragmatism, Ethics Consultation, and the Elderly Patient.* Clin Geriatr Med. 2000 feb.;16(1):71-81.

necesidades del paciente, la capacidad de toma de decisiones de los actores implicados y las creencias religiosas o culturales; 3) la dinámica familiar y el impacto de la atención en los miembros de la familia y en otras personas relacionadas con el bienestar del paciente; 4) los acuerdos institucionales y las normas sociales que pueden influir en la atención del paciente. Los valores, las normas y las creencias son tomadas, en cierta forma, como cuestiones de hecho, como datos del problema.

3) *Interpretación: consideraciones morales y diagnóstico diferencial ético.* Recopilada la información, 1) se realizan las consideraciones morales más razonables que podrían conducir a un consenso que resuelva el problema moral; 2) se formula un diagnóstico diferencial ético, identificando la gama de opciones morales disponibles.

4) *Negociación.* Se sugieren unos objetivos provisionales de atención y se ofrece al paciente (o a su familia) un plan de acción —de tratamiento y atención— plausible. Se acuerdan (negociación) los próximos pasos, consensuados con el paciente o con sus representantes.

5) *Intervención.* Se implementa el plan de actuación acordado.

6) *Evaluación y revisión periódica.* Hay que evitar el absolutismo moral. Puede haber equivocaciones en la deliberación realizada y la propia evolución del problema modifica el caso, por lo que se llevan a cabo revisiones periódicas para ir modificando el curso de acción escogido según sea preciso.

Compatibilidad entre las teorías bioéticas

La aplicación de las teorías bioéticas muestra que no hay una «teoría superior», que sea mejor que las demás. El éxito de una teoría al ayudar a resolver un problema moral dependerá del *tipo de problema* (a qué situación se aplica) y de *quién tiene que afrontar el problema* (quién y cómo la aplica). Para establecer una política pública resulta muy ventajoso el utilitarismo, mientras que para la educación de los profesionales es muy pertinente la ética de las virtudes.

Una filosofía moral integral en bioética clínica

Como ninguna teoría es perfecta, se pueden complementar entre ellas para incorporar los diferentes elementos de la reflexión moral. Para mostrar la compatibilidad de las dos teorías bioéticas más extendidas, principialismo y casuismo, algunos autores han relacionado cada tópico de la propuesta casuística con los cuatro principios de T. L. Beauchamp y J. F. Childress:[110] las indicaciones médicas con la no maleficencia, las preferencias del paciente con la autonomía, la calidad de vida con la beneficencia y los rasgos contextuales con la justicia. Sin olvidar que las máximas o recomendaciones del enfoque casuista contienen valores, como también los principios. Los propios T. L. Beauchamp y J. F. Childress consideran que el principialismo es complementario con otras teorías éticas. Con los años han hecho más flexible su método. Reconocen la importancia en el proceso deliberativo de ponderar los principios con otros factores, admitiendo reglas adicionales a los principios. Desde 1994, a partir de la cuarta edición de *Principles of Biomedical Ethics*, postulan un «coherentismo» enraizado en la moralidad común (el mínimo moral), alejado del mero deductivismo de las primeras ediciones. En cuanto a la propuesta utilitarista, principialistas y casuistas también consideran los resultados. Los casuistas estudian las posibles consecuencias de cada decisión y a los principialistas les resulta esencial que al final (como resultado) los principios sean respetados. Además, el utilitarismo tiene sus principios, por ejemplo: «Realizar el mayor

---

110 Hernando P, Marijuán M. *Método de análisis de conflictos éticos en la práctica asistencial.* An Sist Sanit Navar. 2006 sept.-dic.;29 (supl. 3):91-99.

bien para la mayor cantidad de personas» o «Todos deben contar por uno, nadie por más de uno». Visto así, los principialistas son utilitaristas y los utilitaristas son principialistas, con la diferencia de que los utilitaristas sitúan el bien moral al final de la acción, mientras que los principialistas lo hacen al comienzo.

Respecto a las éticas de la virtud, entre las que se puede incluir la ética del cuidado, no contradicen el principialismo, el casuismo ni el consecuencialismo. Estas teorías ayudan a resolver problemas, pero no hacen mejores profesionales, por lo que es dudoso que eviten la aparición de los problemas y que mejoren la calidad de la asistencia sanitaria. Con buenos profesionales (virtuosos) se previenen muchos problemas y se optimiza su afrontamiento. En la sexta edición de *Principles of Biomedical Ethics*, sus autores reconocen el papel de las virtudes en la vida moral, tanto en la moral común como en la individual. Realizan un paralelismo entre las virtudes morales y sus principios. Por ejemplo, al principio de respeto a la autonomía le correspondería la virtud *respetuosidad* (*respectfulness*), el cual, a su vez, se podría relacionar con el tópico casuista de las preferencias de los pacientes.[111][112] Como las éticas de las virtudes no tienen un método para la toma de decisiones, dan un papel primordial a los principios, a las normas morales y a las consecuencias. Para E. D. Pellegrino, la ética basada en las virtudes debe relacionarse conceptual y normativamente con otras teorías éticas en una filosofía moral integral de las profesiones de la salud.[113,114] Una filosofía moral integral

111 Beauchamp TL, *Childress JM. Respect for Autonomy*. En: Principles of Biomedical Ethics. Nueva York: Oxford University Press; 2009. 30-39.

112 Beauchamp TL, Childress JM. *The Relationship Between Moral Virtues and Moral Principles*. En: Principles of Biomedical Ethics. Nueva York: Oxford University Press; 2009. 39.

113 Pellegrino ED. *Toward a Virtue-Based Normative Ethics for the Health Professions*. Kennedy Inst Ethics J. 1995 sep.;5(3):253-277.

114 Pellegrino ED. Thomas Percival's Ethics: *The Ethics Beneath the Etiquette*. En: Thomas Percival, Medical Ethics. Birmingham: Classics of Medicine Library; 1985. 1-52.

donde las éticas de la virtud, las principialistas, casuistas y utilitaristas son complementarias.

Caminos convergentes

Las teorías bioéticas exponen distintos caminos para llegar a decisiones justificadas. Caminos que convergen, tanto en su objetivo (generar decisiones fundamentadas) como, en general, en el procedimiento de decisión (la deliberación). Por eso se pueden mezclar y son compatibles. Casi todas exponen la necesidad de considerar los factores más importantes de los problemas y de deliberar con ellos. La diferencia entre ellas es que cada una pone énfasis en alguno de los factores de las decisiones: las éticas de las virtudes en el carácter del interlocutor, los principalismos en los deberes *a priori*, los consecuencialismos en el resultado, los casuistas en los detalles del problema y los pragmatistas en el procedimiento en sí (que sea democrático). Cada teoría tiene fortalezas identificando alguno de los elementos que hay que tener en cuenta ante un conflicto moral: el agente moral; los principios, valores y normas; los objetivos que se plantean; los aspectos clínicos y el contexto; el procedimiento. Más que la teoría en sí, lo importante es saber manejar y ponderar todos estos factores; cómo se aplica la teoría.

Se ha señalado que, «en general», las teorías coinciden en la deliberación, porque algunas la imposibilitan. Si se radicaliza una teoría, no es posible ponderar el conjunto de los elementos de las decisiones morales, porque se hipertrofia el factor que predomina en dicha teoría. Los principialistas extremos afirman que las decisiones deben tomarse a la luz de sus principios, considerando algunos de ellos absolutos e inmutables. Queda abierta la puerta al fundamentalismo. Los utilitaristas extremos piensan que la corrección de un acto solo se mide por sus resultados prácticos, provocando la búsqueda del bien mayor la vulneración de otros bienes «menores». Así se justifica la «guerra justa», porque con las bombas se busca la paz, el bien «mayor». Para el pragmatismo fuerte no existe lo bueno, sino simplemente el acuerdo provisional más conveniente, el cual puede ser perverso. Para integrar en la sociedad a un grupo que practica la ablación del clítoris, se puede consensuar que un cirujano realice las intervenciones a dicho grupo. Así no hay problemas de higiene, sanitarios y se integrarían mejor. Problema resuelto, pero con un consenso inadmisible.

GUÍAS PARA TOMAR DECISIONES

Tras el marco conceptual, estudiar la ética que hay detrás de la bioética y las principales teorías éticas aplicadas en bioética clínica, a continuación se abordan las guías para tomar decisiones. Las teorías éticas aplicadas a la bioética (principialismo, utilitarismo, casuismo, éticas de la virtud o pragmatismo), a pesar de que han ayudado a fundamentar la toma de decisiones, no han resultado suficientemente prácticas para los clínicos. Si tomamos como ejemplo las metodologías del principialismo y del casuismo, además de tener que asumir los presupuestos de la teoría, es precisa una formación específica, porque su puesta en práctica revierte cierta complejidad. Al aplicarlas pueden resultar abigarradas y poco prácticas. Albert Jonsen indicaba la necesidad de buscar métodos de decisión prácticos, que respondan a las necesidades de los clínicos: «Los especialistas en ética […] Diariamente atienden casos que necesitan urgentemente una resolución práctica. Son conscientes de que una teoría elegante y las preguntas críticas no conducen a las respuestas que exigen los problemas clínicos».[115]

---

115   Jonsen AR. *A New Ethic for Medicine?* West J Med. 1974 feb.;120(2):169-173.

A los clínicos no les resulta sencillo emplear en su práctica cotidiana teorías excesivamente complejas o abstractas. Teorías que, en su aplicación, con frecuencia se muestran confusas y, sobre todo, poco productivas. Por este motivo se han desarrollado métodos en forma de guía, con pasos consecutivos que seguir para tomar decisiones. Los pasos incorporan los principales factores de las decisiones morales. Existen desde los albores de la bioética. Estas guías marcan el camino que hay que seguir para que una decisión incorpore los elementos más relevantes del análisis ético y que así quede esté justificada. Al intentar incorporar los factores necesarios para deliberar, se apartan de un análisis meramente principialista, casuista o consecuencialista.

Principales guías en ética clínica

Desde los años setenta se han desarrollado numerosas guías, en ocasiones interpretadas como *protocolos*, para orientar la toma de decisiones en ética clínica. Han elaborado guías David C. Thomasma, uno de los primeros en hacerlo, Edmund Pellegrino, Henk ten Have y sus colaboradores en la Universidad de Nijmegen, Diego Gracia o Joseph Fins, Las primeras metodologías en forma de guía surgen en las éticas de la virtud, posiblemente porque esta teoría, a diferencia del principialismo y del casuismo, no estable un método para tomar decisiones. Postula que el profesional debe ser mejor, para lo cual tiene que adquirir una serie de virtudes. Las virtudes personales, si bien son importantes, no resuelven muchos de los conflictos que se producen en la práctica clínica.

Ninguna guía es perfecta. Muchas son coincidentes en sus etapas, recogiendo los principales momentos y factores de la decisión moral. No obstante, existen diferencias significativas entre algunas, debido a que se inspiran en diferentes teorías (tradiciones) morales, reflejando comprensiones divergentes de los problemas, de la forma de abordarlos. Como sucede con las teorías éticas, se puede llegar a la misma decisión usando guías diferentes, debido a que es fundamental quién las usa y cómo lo hace; su capacidad de considerar todos los factores y de deliberar con ellos. Aunque existen muchas más, a continuación, se exponen, por orden de publicación, algunas de las guías que han tenido más impacto y durabilidad.

David Thomasma

David Thomasma es uno de los pioneros, al proponer una guía de decisión en 1973, publicada en 1978.[116] Enmarcado en parte en las éticas de las virtudes, D. Thomasma establece un método en seis pasos. En el paso 1 se analizan los hechos. En los pasos 2 y 3 se estudia el problema ético como conflicto entre valores, axiomas, normas o principios. En los pasos 4 a 6 se toma la decisión y se argumenta por qué *esa* decisión es la mejor. Finalmente, se proponen una serie de pruebas y reflexiones para los actores de la decisión. Sirven para evaluar su calidad: sobrevaloración de algún factor moral y prueba de la universalidad (la decisión sería válida para todos los seres humanos). En esta última fase se incluye el tipo de razonamiento moral aplicado (utilitario, deontológico, ética de la virtud, ética del cuidado, casuismo, otros), ya que al deliberar se puede incidir más en uno u otro. Además, se enmarca la decisión en el conjunto de la sociedad y se considera si el profesional es coherente con el conjunto de su vida.

---

116   Thomasma DC. *Training in Medical Ethics: An Ethical Workup*. Forum Med. 1978;1(9):33-36.

- Paso 1. ¿Cuáles son los hechos en el caso?
- Paso 2. ¿Cuáles son los valores en riesgo en el caso?
- Paso 3. Determinar los principales conflictos entre los valores, normas profesionales, y entre axiomas éticos, normas y principios.
- Paso 4. Determinar los posibles cursos de acción y qué valores y principios éticos en cada curso de acción se protegerían o infringirían.
- Paso 5. Tomar una decisión en el caso.
- Paso 6. Defiende este curso de acción. ¿Por qué es X mejor que Y?
- Responda a cada uno de los siguientes:
  - ¿Fue alguno de los valores, principios, normas, axiomas, reglas ponderado en mayor medida que otros?
  - Trata de identificar el tipo de razonamiento moral aplicado en la resolución del caso (utilitario, deontológico, ética de la virtud, ética del cuidado, casuismo, otros).
  - Prueba de universalidad.
  - ¿Qué papel juega la sociedad en la toma de esta decisión aceptable?
  - ¿Cómo se relaciona esta decisión con otras que has tomado en tu vida, en tu trayectoria y en la actualidad como profesional?

Edmund Pellegrino

Edmund Pellegrino coloca al paciente y a sus intereses como faro en la toma de decisiones. Este autor ha elaborado y reelaborado guías para tomar decisiones. Aquí destacamos dos. En 1987 propuso una con cinco pasos:[118] 1) establecer los hechos; 2) establecer cuáles son los mejores intereses del paciente; 3) determinar las cuestiones éticas y los principios; 4) establecer la decisión en términos concetos; 5) justificar la decisión. En 1995 los amplió a diez. Parte del análisis del caso (pasos 1 y 2). Después se realiza un diagnóstico diferencial ético (pasos 3 y 4): qué problemas son éticos y cuáles no lo son. A continuación, se busca la mejor decisión

---

117 Thomasma DC. *Theories of Medical Ethics: The Philosophical Structure*. En: Military Medical Ethics, vol. 1. US Army; 2003. 23-59.

118 Pellegrino ED. *The Anatomy of Clinical-Ethical Judgments in Perinatology and Neonatology: A Substantive and Procedural Framework*. Semin Perinatol. 1987 jul.;11(3):202-209.

(pasos 5 y 6), argumentando qué sería lo mejor. Posteriormente se calibra la calidad de la decisión, valorando si existen conflictos de interés que interfieran en ella (pasos 7 y 8). Por último, se revisa el caso para tomar la mejor decisión para el paciente (pasos 9 y 10).

Guía de Edmund Pellegrino (1995)[119]

1. ¿Cuáles son los hechos?: diagnóstico, pronóstico, tratamiento.
2. ¿Cuáles son las opciones clínicas de actuación?
3. ¿Qué percibe el clínico como su problema ético con cada opción?
4. Separar los problemas éticos de los problemas no éticos para el clínico.
5. Dar las implicaciones morales de cada opción, con argumentos morales a favor y en contra de cada opción.
6. Sobre la base de lo anterior, decidir qué es lo correcto y lo bueno que hacer.
7. Definir la naturaleza de los conflictos entre los tomadores de decisiones, morales y no morales.
8. ¿Son estos conflictos resolubles o negociables?
9. Vuelva a examinar sus propias decisiones a la luz de todo lo anterior.
10. Teniendo todo en cuenta, ¿cuál es el mejor interés para el paciente, en la medida en la que esto es comprobable?

Universidad Nijmegen

En Europa, en la Universidad Nijmegen (Holanda), Win Dekkers, H. A. ten Have y Marcel F. Verweij desarrollaron en 1997 una guía para la deliberación ética de los casos ético-clínicos. [120] Tiene cuatro pasos. Se parte del problema moral. Después se analizan detalladamente los hechos que rodean al caso: aspectos médicos y de enfermería, valores del paciente, cuestiones sociales y

---

119 Pellegrino ED. *The Anatomy of Clinical-Ethical Judgments in Perinatology and Neonatology: A Substantive and Procedural Framework*. En: Clinical Medical Ethics Cases and Readings, Thomasma DC, Marshall PA (editores). Lanham, Md/Nueva York: University Press of America; 1995. 109-118.

120 Dekkers WJM, Ten Have HAMJ, Verweij MF. *Moreel beraad* in de huisartsgroep. Praktijkmanagement. 1997;13(3):17-22.

organizacionales. Es llamativo cómo sitúan a los valores como aspectos fácticos, considerando que pueden ser analizados con objetividad. Tras ello se evalúa el bienestar y la autonomía del paciente y la responsabilidad de los profesionales. Es una guía más casuista, porque incide en los detalles del caso. De hecho, los primeros pasos incluyen tres tópicos del casuismo, los dos primeros a considerar (indicaciones médicas y preferencias del paciente) y uno de los dos a tener en cuenta (calidad de vida). El cuarto tópico (rasgos contextuales) se incluye en el análisis de los hechos. La última fase de la guía es la decisión: vuelta al problema moral, consideración de detalles desconocidos, argumentos (deliberando con ellos), tomar la decisión y evaluarla.

Guía de la Universidad Nijmegen (1997)[121]

---

1. ¿Cuál es el problema moral?
2. Hechos.
    2.1 Dimensión médica.
    2.2 Dimensión de enfermería.
    2.3 Valores del paciente y dimensión social.
    2.4 Dimensión organizacional.
3. Evaluación.
    3.1 Bienestar del paciente.
    3.2 Autonomía del paciente.
    3.3 Responsabilidad de los profesionales sanitarios.
4. Toma de decisiones.
    4.1 Recapitulación del problema moral.
    4.2 Detalles desconocidos.
    4.3 Argumentos.
    4.4 Decisión.
    4.5 Evaluación.

---

121   Steinkamp N, Gordijn B. *Ethical Case Deliberation on the Ward. A Comparison of Four Methods.* Medicine, Health Care and Philosophy. 2003; 6:235-246.

Joseph J. Fins y Frank G. Miller

Joseph J. Fins y Frank G. Miller han propuesto una guía inspirada en el pragmatismo ético norteamericano de John Dewey y William James. El pragmatismo, al igual que el casuismo, es una reacción al principialismo. Es una metodología inductiva y empírica, que intenta aplicar el método científico a la valoración moral. Los juicios y normas morales son contingentes, hipótesis que se tienen que validar a través de la experiencia. Para hacerlo, se especifican detenidamente los detalles del problema, se persigue el consenso (no existe una «solución correcta», esta se construye y negocia a través del consenso) y se tiene especial consideración con las consecuencias, con los aspectos prácticos de la decisión. En su guía, J. J. Fins y F. G. Miller realizan una analogía con los pasos de la práctica clínica: motivo de consulta, recopilación de los datos clínicos, diagnóstico diferencial, objetivos de cuidado, comunicación (negociación y consenso), plan de tratamiento/cuidado, seguimiento y revisión.

Como en el método de la Universidad de Nijmegen, se comienza con el reconocimiento del problema moral (¿cuál es el problema moral?). La recopilación de los datos está característicamente detallada: aspectos médicos y preferencias del paciente (coincidentes con los dos primeros tópicos del casuismo), dinámica familiar, aspectos institucionales y normas sociales/contexto (coincidentes con el tópico casuista «rasgos contextuales»). Tras ello se realiza el diagnóstico diferencial ético. Se exponen las consideraciones morales que podrían influir en el desarrollo de un consenso viable para resolver el problema. La toma de decisión se realiza en dos etapas, negociación e intervención. En la primera se trazan los objetivos, se sugiere y negocia (se consensúa) un plan de acción plausible. En la intervención se aplica el plan de acción. Una característica del pragmatismo es la relevancia de los aspectos prácticos, de las consecuencias de la intervención. Esta se revisa y evalúa, modificando el plan en función de la evolución, como sucede en la práctica clínica. Finalmente, con base en lo aprendido se reconstruye la práctica clínica, como en el casuismo, donde la experiencia modifica los casos paradigmáticos.

Guía del pragmatismo clínico (2000)[122]

I. Reconocimiento del problema. 1. El reconocimiento de una situación problemática que incita a la indagación. II. Recopilación de datos: médicos, narrativos, contextuales. 1. Datos médicos. 2. Preferencias del paciente. 3. Dinámica familiar. 4. Aspectos institucionales. 5. Normas sociales más amplias/contexto. III. Interpretación. 1. Considerar el rango de consideraciones morales: diagnóstico diferencial ético.	IV. Negociación. 1. Sugerir los objetivos provisionales de cuidado. 2. Ofrecer un plan de acción: opciones plausibles de tratamiento y cuidado. 3. Negociar un plan de acción aceptable: consenso. V. Intervención. 1. Implementar el plan acordado. VI. Revisión periódica. 1. Evaluar los resultados de la intervención. 2. Revisión periódica. 3. Modificar el curso de acción a medida que evoluciona el caso. 4. Organizar las observaciones empíricas para reconstruir la práctica clínica.

Ethics Workup

El enfoque de Baylor College of Medicine (Ethics Workup)[123] es un ejemplo de sencillez y «ecumenismo» ético. Su guía incorpora las principales tradiciones éticas aplicadas a la bioética: principialismo, éticas de las virtudes, casuismo, consecuencialismo. Todas aportan argumentos válidos para justificar una decisión. La dificultad estriba en

122 Fins JJ, Miller FG. *Clinical Pragmatism, Ethics Consultation, and the Elderly Patient*. Clin Geriatr Med. 2000 feb.;16(1):71-81, ix.
123 Fasser C, McGuire A, Erdman K, Nadalo D, Scott S, Waters V. The Ethics Workup: A Case-Based Approach To Ethical Decision-Making Instruction. Journal of Physician Assistant Education. 2007;18-1,34-41.

encontrar el mejor argumento, que sería, de acuerdo con el pragmatismo, aquel que consigue un mayor consenso. La guía nos sitúa ante la posibilidad de un disenso, proponiendo *cómo se podría resolver*.

Los pasos son: 1) hechos e información adicional; 2) cursos de acción alternativos; 3) valoración de la existencia de un consenso, con los argumentos que lo justifican o que lo impiden. A la luz de los argumentos, se aclaran los conceptos, se evalúan las normas éticas, legales y profesionales, los derechos, las virtudes, principios, consecuencias, intereses o restricciones. El curso de acción consensuado sirve para desarrollar el plan de acción para resolver el caso. Si no hay consenso, se indaga en la manera de encontrar un argumento para resolver el conflicto; 4) por último, se exponen los retos y pasos que permitirían evitar el problema.

Ethics Workup (2000)

1) Identifica hechos relevantes y la información adicional que podrías saber.	
2) Identifica los cursos de acción alternativos.	
3) ¿Hay una posición de consenso ético o legal que sugiera un particular curso de acción en este caso?	
Sí	No
• Identifica la posición de consenso y qué curso de acción particular sugiere en este caso. • Explica la justificación ética (o racionalidad) para la posición de consenso usando argumentos éticos (consecuencias, principios, virtudes). • Usa la posición de consenso y cualquier otro argumento ético relevante (consecuencias, principios, virtudes) para desarrollar un plan de acción para resolver el caso.	• Identifica los argumentos éticos relevantes (consecuencias, principios, virtudes) y las implicaciones para los diferentes argumentos. • Identifica el conflicto/s entre los argumentos. • Propón un argumento para mostrar cómo podría ser resuelto el conflicto con base en la prioridad de uno o más argumentos relevantes.
4) Discute cómo se podrían haber prevenido los desafíos éticos en este caso.	

Diego Gracia

En España Diego Gracia ha elaborado varias guías. La primera constaba de cuatro pasos.[124] El primero establece un sistema de referencia moral: la dignidad de todo ser humano y la igualdad. El segundo es el momento deontológico, donde se valoran los principios de T. L. Beauchamp y J. F. Childress. Para estos autores la situación concreta establece la prioridad entre los principios. D. Gracia, sin embargo, establece dos niveles: el nivel público, que es prioritario (incluye la no maleficencia y la justicia), y el nivel privado (autonomía y beneficencia). El tercer momento es el teleológico, donde se evalúan las consecuencias objetivas del nivel 1 y 2. Por último, se realiza el juicio moral y se toma la decisión final. Es un método poco práctico, centrado en la justificación teórica (principialista) de la decisión.[125]

La siguiente guía de D. Gracia, publicada en 2001, es la que ha tenido más éxito, posiblemente porque es la más práctica. Primero se describen los aspectos médicos, después se identifica el problema moral (generalmente más de uno) y finalmente se toma la decisión. Para evaluar la calidad de la decisión, su solidez, se aplican tres argumentos: el tiempo, es decir, si pasado un tiempo se decidiría lo mismo; la publicidad, que consiste en saber si se defendería la decisión en público; la legalidad, si se trata de una decisión legal. Posteriormente D. Gracia ha sintetizado esta guía y, en general, la toma de decisiones en tres momentos: deliberación sobre los hechos (estudio de los datos), sobre los valores (los valores implicados y en conflicto) y sobre los deberes (toma de decisiones).[126] Si bien este esquema ayuda a comprender los

---

124   Gracia D. *Procedimientos de decisión en ética clínica*. Madrid: Triacastela; 2007 (1991). 140.

125   Garcés Giraldo LF. Revista Lasallista de Investigación. 2014;11(2):129-137.

126   Dracia D. *La deliberación y sus dificultades*. Argumenta Philosophica. 2023; 2:7-22.

principales pasos de las decisiones morales, en su aplicación a la bioética clínica resulta poco operativo. Al ser tan sintético, se corre el riesgo de olvidar alguna cuestión importante.

Guía de Diego Gracia (2001)[127]

- Presentación del caso.
- Aspectos médicos.
- Identificación de los problemas morales.
- Elección por el responsable del problema.
- Identificación de los cursos de acción.
- Deliberación del curso de acción óptimo.
- Decisión final.
- Argumentos del tiempo, publicidad y legalidad.

Otras guías

Existen muchas más guías éticas, cada una con aportaciones específicas. Algunas buscan la sencillez, mientras que otras son más farragosas, como la propuesta por Gordon M. Stirrat,[128] usada en la Universidad de Bristol. Es una guía para realizar juicios éticos dividida en dos fases, el análisis y la acción. La primera fase se subdivide en tres: definir el problema, analizarlo y considerar los principios subyacentes involucrados (sugiriendo comenzar con los cuatro principios de T. L. Beauchamp y J. F. Childress). En esta fase hay que responder a doce preguntas. La segunda fase (acción) se subdivide también en otras tres: averiguar los objetivos propuestos, abordar el problema potencial o real y revisar el resultado, con más de diez preguntas o consideraciones específicas a las que hay que responder. Un método, tal vez exhaustivo, pero excesivamente complejo, sin que por ello se garantice una mejor toma de decisiones.

---

127   Gracia D. *La deliberación moral: El método de la ética clínica.* Med Clin. 2001; 117:18-23.
128   Stirrat GM. *How to Approach Ethical Issues – A Brief Guide.* The Obstetrician & Gynaecologist. 2003; 5:130-135.

En *Procedimientos de decisión en ética clínica* (1991), Diego Gracia realiza un resumen de los principales procedimientos de decisión, incluyendo algunas de las teorías generales expuestas en este libro (fundamentalmente, el principialismo de T. L. Beauchamp y J. M. Childress, el casuismo de A. R. Jonsen, M. Siegler y W. J. Winslade y la ética de las virtudes).[129] Además, bajo los epígrafes de «Enfoque clínico» y «Procedimientos sincréticos», incluye numerosas guías y protocolos de decisión. Algunas se presentan en este capítulo. Muchas han dejado de usarse hace tiempo, posiblemente por su complejidad o porque no resultan operativas. D. Gracia especifica que el primero en plantear unos pasos para tomar decisiones fue H. Hansen, en 1972. Después presenta diferentes guías, por orden cronológico. Dentro del enfoque clínico,[130] presenta dos de D. Thomasma (una es la que se incluye en este capítulo), dos de E. Pellegrino (distintas de las presentadas aquí), una de G. H. Kieffer (sencilla y clara), otra de C. Viafora, también de C. M. Strong (de orientación principialista) o de H. T. Engelhardt (que modifica el método de D. Thomasma). Las guías de L. B. McCullough y H. M. Sass resultan extraordinariamente complejas y poco operativas. Entre las sincréticas,[131] muestra una del Hastings Center (bastante razonable, donde se especifica la documentación de la decisión), otra de J. Drane (amplia, pero poco práctica) y más que no aportan mucha luz, como las de E. L. Erde, D. Candee/B. Puka, C. G. Graber y R. Grundsteis-Amado. Tras exponer los diferentes procedimientos y guías —las denomina con frecuencia *protocolos*— D. Gracia justifica cómo fundamentar las decisiones. Por último, propone su guía, la primera suya comentada en este capítulo.[132]

---

129 Gracia D. *Procedimientos de decisión en ética clínica*. Madrid: Triacastela: 2007 (1991). 31-56.
130 Ibid. 57-78.
131 Ibid. 80-93.
132 Ibid. 139-147.

Elementos comunes de las guías de ética clínica

De las guías elaboradas en ética clínica, se han expuesto algunas de las que han tenido más impacto y durabilidad. Provienen de diferentes tradiciones éticas (princicialismo, casuismo, éticas de la virtud, hermenéutica, pragmatismo, etcétera), lo que condiciona su metodología. Se han estudiado los pasos más comunes presentes en las guías de ética clínica.[133] En las expuestas, hay tres pasos comunes y otros presentes solo en algunas.

Tabla. Pasos en las guías de ética clínica analizadas.

Pasos comunes en todas las guías	Pasos no presentes en todas las guías
• Datos del caso • Identificación del problema ético • Identificación de la mejor decisión	• Diagnóstico diferencial ético • Pruebas de calidad de la decisión • Intervención • Seguimiento de la intervención

De este análisis se podría deducir que, para las decisiones éticas, es imprescindible la evaluación de los datos del caso (los aspectos fácticos), la identificación del problema ético y la búsqueda de la mejor decisión. En algunas guías se identifica primero el problema ético, mientras que otras comienzan por los hechos. Los otros cuatro pasos, aunque no aparecen en todas las guías, enriquecen el análisis y la toma de decisiones. Entre dichos pasos está el diagnóstico diferencial ético; es decir, además de identificar el principal problema ético, averiguar qué otros problemas éticos hay y qué problemas no éticos —legales, profesionales, sociales, clínicos— existen. Otro paso que incorporan solo determinadas

---

133 Ruíz-Cano J, Cantú-Quintanilla GR, Ávila-Montiel D, et al. Grupo de Estudio sobre Dilemas Éticos HIMFG-IPADE. *Revisión de modelos para el análisis de dilemas éticos [Review of models for the analysis of ethical dilemmas]*. Bol Med Hosp Infant Mex. 2015 mar.-abr.;72(2):89-98.

guías son las pruebas para testar la calidad de la decisión, las cuales varían de unas guías a otras. Por último, están la intervención (cómo se pone en práctica de la decisión) y el seguimiento del plan de acción, incluido el posible aprendizaje de todo hecho.

Tabla. Pasos de las guías de ética clínica*

	E. Pellegrino (1973)	D. Thomasma (1978)	U. Nijmejen (1997)	J. Fins/F. Miller (2000)	Ethics Workup (2000)	D. Gracia (2001)
Datos del caso	Hechos clínicos y opciones	Hechos	• Datos clínicos, sociales e institucionales • Valores del paciente	• Datos clínicos, sociales e institucionales. • Valores del paciente	Hechos relevantes e información adicional	Aspectos médicos
Identificación del problema ético	Percibido por el clínico	Valores y conflictos	Lo primero: identificar el problema	Lo primero: identificar el problema		• Problemas morales • Problema escogido por el responsable
Diagnóstico diferencial ético**	• Problemas éticos • Problemas no éticos			Rango de consideraciones morales		Identifica otros problemas morales
Identificación de la mejor decisión	Argumentos de cada decisión	Argumentar cuál es el mejor curso de acción	• Evaluación de la autonomía, del bienestar y de las responsabilidades profesionales • Argumentos y decisión	Negociar los objetivos y el plan de acción	Identifica los cursos de acción alternativos: • Consenso: justificación • Disenso: búsqueda del mejor argumento	Deliberación del curso de acción óptimo
Pruebas de calidad de la decisión	• Conflictos entre partes interesadas • Mejor interés para el paciente	• ¿Sobrevaloración de un valor? • Prueba de la universalidad • Papel de la sociedad • Coherencia de la decisión				Argumentos del tiempo, publicidad y legalidad
Intervención***				Implementar el plan	Plan de acción para resolver el caso	
Seguimiento y evaluación de la intervención			Evaluación	Evaluación y revisión	Cómo se podrían haber prevenido los problemas éticos	

*En blanco: no aparece en la guía.
**¿Cuál es el principal problema ético, qué otros problemas éticos hay y qué problemas no éticos existen?
***Establecimiento y puesta en práctica de un plan de acción viable.

Propuesta de guía en ética clínica

Tras analizar las guías de toma de decisiones y sus elementos, a continuación se propone una guía que incorpora los aspectos que mejor pueden ayudar a dar respuesta a un problema ético. Se parte de la identificación del problema (1), después se describen los hechos y el contexto (2), el tercer paso es la caracterización del problema ético, con el diagnóstico diferencial ético (3), se elige el mejor curso de acción (4) y se especifica la manera de ponerlo en práctica (5). Los últimos pasos (6 y 7) suceden tras el plan de acción y son igualmente importantes: seguimiento, evaluación y aprendizaje.

Primer paso. ¿Existe un problema ético?

– En varias guías, especialmente aquellas próximas al pragmatismo, como la de la Universidad Nijmejen o la de Cornell (J. Fins y F. Miller), se comienza por la pregunta sobre el problema ético. Es lógico, puesto que, si no hay un problema ético, carece de sentido continuar con el análisis y la deliberación. Describir desde el inicio si existe un problema ético ayuda a tipificar el problema y dota de sentido el posterior análisis. Podremos pasar a la siguiente etapa (análisis de los hechos) sabiendo que, ciertamente, nos enfrentamos a un problema ético.
– *Preguntas que responder*:
  • ¿Hay un problema ético?
    – Respuesta negativa: no se continúa el análisis ético. En función del tipo de problema (clínico, legal, social, etc.), buscar el cauce adecuado para resolverlo.
    – Respuesta afirmativa: ¿qué problema es? (Descríbelo).

Segundo paso. *Descripción de los datos y del contexto del problema*

- Una vez que sabemos que existe un problema ético, es necesario analizar las cuestiones fácticas. Se trata de aclarar en qué circunstancias y condiciones aparecen los valores y se produce la colisión entre ellos (el problema moral). Si las circunstancias y condiciones fácticas no están claras, el análisis ético se sustentará sobre arenas movedizas.

- La descripción de los datos y del contexto debe ser lo más amplia posible, incluyendo los datos: clínicos (diagnósticos, pronóstico, tratamiento, alternativas), sociales (contexto social y familiar), culturales (qué aspectos culturales afectan al problema) y narrativos (datos de la biografía y de las relaciones personales que influyen en el caso).

- En el análisis contextual es procedente introducir la normativa vigente vinculada con el problema. El contexto normativo (legislación, códigos profesionales, normas institucionales) afecta a la resolución del problema, por lo que se debe conocer desde el inicio, para demarcar los posteriores cursos de acción. Por ejemplo, si estamos analizando el caso de un joven de diecisiete años que rechaza un tratamiento y la ley permite que los pacientes con diecisiete años tomen decisiones sobre su salud, debemos conocerlo desde el inicio. En la normativa hay valores y principios morales. Son los códigos morales mínimos de una sociedad (la legislación), de una profesión (códigos deontológicos) o de una institución (las normas institucionales). En la normativa, los valores, principios y normas morales se positivizan y pueden analizarse, en cierta medida, objetivamente, por lo cual dicho análisis es posible hacerlo dentro de la descripción de los datos del problema.

- *Preguntas que responder*:
  - ¿Qué datos (clínicos, sociales, culturales, narrativos) tenemos que conocer? ¿Qué datos (clínicos, sociales, culturales y narrativos) deben ser aclarados?
  - ¿Qué normativa (legal, profesional, institucional) relacionada con el problema es preciso conocer?

Tercer paso. Análisis del problema ético: diagnóstico diferencial ético

- Para responder al principal problema ético de la mejor manera hay que tener en cuenta el conjunto de la realidad problemática, porque habitualmente los problemas morales vienen acompañados de otros problemas éticos y también de problemas no éticos. En el ámbito teórico se pueden diferenciar dichos problemas, pero en el práctico, en la toma de decisiones, la realidad no se puede descomponer. Decidimos en un único ámbito fáctico y axiológico, sobre el que actúan los diferentes problemas, por lo que la respuesta que demos debe atender al conjunto de los problemas que afectan al caso. Al ponerle el tratamiento a un diabético, hay que considerar al paciente globalmente: qué otros fármacos y enfermedades tiene, su contexto social y familiar. Nos ayudará a elegir el mejor tratamiento, que es el objetivo de nuestra decisión. Igualmente, en ética clínica tenemos que responder al principal problema ético; es nuestro objetivo. Pero, para hacerlo óptimamente, hay que considerar el resto de los problemas (éticos y no éticos) que afectan al caso. Si no consideramos globalmente el problema, podríamos estar tomando una decisión «aparentemente perfecta», pero que podría no ser la mejor —tal vez hasta perjudicial— para el problema. Si nos centramos en un solo problema, estaríamos eludiendo el compromiso que tenemos con el conjunto de la realidad problemática a la que nos enfrentamos.

– En el análisis del problema ético, utilizando una analogía con la clínica, hay que realizar un «diagnóstico diferencial ético». Se trata de determinar qué problemas son éticos y cuáles no lo son. Dentro de los problemas éticos, hay que especificar su jerarquía (cuál es el principal problema ético) y la relación que hay entre ellos. En cuanto a los problemas no éticos (clínicos, sociales, culturales, legales), hay también que detallarlos. La respuesta al problema debe tener en cuenta todo ello.

– Es importante saber formular los problemas éticos. Aunque no es imprescindible, es conveniente hacerlo como pregunta. Facilita que se visualicen la duda y los polos (valores) en conflicto. La pregunta tiene que transmitir la duda: ¿qué se *debe* hacer? Cualquier verbo o fórmula que transmita esta duda es válida. No se recomienda preguntar sobre la eticidad de una acción («¿Es ético…?»). Esta pregunta no transmite una duda moral (¿qué se *debe* hacer?), sino que interpela a un juicio ético (la corrección de una conducta) o al análisis de si el problema es de carácter ético.

– Un conflicto ético es un conflicto entre normas, principios o valores éticos. Al analizar el problema ético, debe quedar patente qué valores o principios entran en conflicto, para, al escoger un curso de acción, considerar aquel que salvaguarde mejor los bienes en conflicto. Es decir, si entran en conflicto los valores A-B y conseguimos un curso de acción que preserve ambos, será el curso de acción óptimo. La pregunta debe mostrar el conflicto de valores.

– *Preguntas que responder*:
  • ¿Cuál es el principal problema ético? Formúlalo como pregunta que muestre los bienes en conflicto. Por ejemplo: ¿se debe (hacer *esto* o *eso*)?, ¿es adecuado?, ¿es correcto?, ¿qué es mejor? No incluir el término *ético* en la pregunta.
  • ¿Qué otros problemas éticos hay? Formúlalos.

- ¿Qué problemas no éticos hay? Clínicos, sociales, culturales, legales, profesionales. Formúlalos.
- ¿Qué bienes/valores morales están en conflicto en el principal problema ético? Descríbelos y explica de qué manera entran en conflicto.

Cuarto paso. *Elección del mejor curso de acción*

- Teniendo en cuenta todo lo anterior, buscar el mejor curso de acción, la decisión que mejor podría resolver el problema. Hay que poner sobre la mesa las posibles vías que ayuden a solucionarlo. Muchas veces la mejor solución no es la primera que se nos ocurre, ni siquiera es aparente. En esta etapa es esencial la creatividad, tener un pensamiento abierto (divergente) y capacidad de escucha.
- Para elegir el mejor curso de acción, hay que considerar qué bienes/valores se respetarían y qué bienes/valores se vulnerarían en cada curso de acción, así como la «pérdida de oportunidad»: qué sucedería si no escogemos un determinado curso de acción.
- Como junto al principal problema hay más problemas (éticos y no éticos), al calibrar cada curso de acción hay que analizar cómo se ven afectados el resto de los problemas. El plan de acción deberá responder de la mejor manera al problema principal, pero también al resto de los problemas, porque actuamos sobre una única realidad problemática.
- Basándonos en estos dos últimos puntos justificamos la decisión y argumentamos por qué escogemos un determinado curso de acción.
- *Preguntas que responder*:
  - ¿Has pensado en todas las opciones y posibilidades que podrían ayudar a resolver el problema? Descríbelas y explica las ventajas y desventajas de cada opción; qué bienes se ven afectados en cada opción y de qué manera.

- ¿Qué curso de acción respeta mejor los bienes/valores en conflicto y obtiene el mejor resultado, es decir, realiza mejor los bienes/valores en conflicto? Si es necesario, coloca los cursos de acción escogidos de forma encadenada, previniendo qué sucedería si se toma una u otra decisión.
- ¿Cómo argumentas (justificas) el curso de acción escogido, considerando el conjunto de la realidad problemática?

Quinto paso. *Plan de acción y posterior intervención*

– Diseñar un plan de actuación plausible para poner en práctica los cursos de acción escogidos. Tras ello aplicar el plan de actuación (la intervención).
– *Preguntas que responder*:
  - ¿Cuáles son los pasos concretos del plan de acción?
  - El plan de acción ¿es plausible y realizable?
  - Tras implementar la intervención: ¿estamos modificando la realidad de acuerdo con el plan de acción?

Sexto paso. *Seguimiento del plan de acción*

– La realidad es dinámica. Los problemas se van modificando, evolucionan, más aún si actuamos sobre ellos. Esto nos obliga a reevaluar las decisiones. A plantear si hay que modificar el plan de acción o si tenemos que hacer alguna otra acción. Sucede igual en la práctica clínica. Cuando se emite un juicio clínico y se toma una decisión, después hay modificaciones, porque el paciente evoluciona, a veces de forma diferente a lo planificado. La ética clínica también es evolutiva: los hechos, las circunstancias y los valores cambian, en ocasiones de manera imprevista. Pueden aparecer nuevos conflictos o desaparecer los iniciales.

- *Preguntas que responder*:
  - Tras la intervención: ¿de qué manera se ha modificado el problema ético?, ¿y el resto de los problemas?, ¿han aparecido nuevos problemas?
  - ¿Es necesario cambiar el curso de acción?

Séptimo paso. Evaluación y aprendizaje

- Hay que evaluar la intervención. Examinar de qué manera hemos contribuido a resolver el problema o si tendríamos que haber hecho algo diferente.
- También hay que analizar qué hemos aprendido de este problema y si el aprendizaje puede ser útil para otros agentes.
- *Preguntas que responder*:
  - ¿Ha sido útil nuestra intervención para ayudar a resolver el problema? ¿En qué aspectos ha funcionado y en cuáles ha fallado?
  - ¿Qué hemos aprendido? ¿Qué repetiríamos y qué cambiaríamos ante un problema similar?
  - ¿Es preciso comunicar a alguien nuestro aprendizaje, por si le resulta provechoso?

Tabla. Propuesta de guía en ética clínica

Primer paso. ¿Existe un problema ético?
Preguntas que responder:
— ¿Hay un problema ético?
• Respuesta negativa: no se continúa el análisis ético. En función del tipo de problema (clínico, legal, social, etc.), buscar el cauce adecuado para resolverlo.
• Respuesta afirmativa: ¿qué problema es? (Descríbelo).
Segundo paso. Descripción de los datos y del contexto del problema
Preguntas que responder:
— ¿Qué datos (clínicos, sociales, culturales, narrativos) tenemos que conocer? ¿Qué datos (clínicos, sociales, culturales y narrativos) deben ser aclarados?
— ¿Qué normativa (legal, profesional, institucional) relacionada con el problema es preciso conocer?

Tercer paso. Análisis del problema ético: diagnóstico diferencial ético

Preguntas que responder:

— ¿Cuál es el principal problema ético? Formúlalo como pregunta que muestre los bienes en conflicto. Por ejemplo: ¿se debe (hacer *esto* o *eso*)?, ¿es adecuado?, ¿es correcto?, ¿qué es mejor? No incluir el término *ético* en la pregunta.
— ¿Qué otros problemas éticos hay? Formúlalos.
— ¿Qué problemas no éticos hay? Clínicos, sociales, culturales, legales, profesionales. Formúlalos.
— ¿Qué bienes/valores morales están en conflicto en el principal problema ético? Descríbelos y explica de qué manera entran en conflicto.

Cuarto paso. Elección del mejor curso de acción

Preguntas que responder:

— ¿Has pensado en todas las opciones y posibilidades que podrían ayudar a resolver el problema? Descríbelas y explica las ventajas y desventajas de cada opción; qué bienes se ven afectados en cada opción y de qué manera.
— ¿Qué curso de acción respeta mejor los bienes/valores en conflicto y obtiene el mejor resultado, es decir, realiza mejor los bienes/valores en conflicto? Si es necesario, coloca los cursos de acción escogidos de forma encadenada, previniendo qué sucedería si se toma una u otra decisión.
— ¿Cómo argumentas (justificas) el curso de acción escogido, considerando el conjunto de la realidad problemática?

Quinto paso. Plan de acción y posterior intervención

Preguntas que responder:

— ¿Cuáles son los pasos concretos del plan de acción?
— El plan de acción ¿es plausible y realizable?
— Tras implementar la intervención: ¿estamos modificando la realidad de acuerdo con el plan de acción?

Sexto paso. Seguimiento del plan de acción

Preguntas que responder:

— Tras la intervención: ¿de qué manera se ha modificado el problema ético? ¿Y el resto de los problemas?, ¿han aparecido nuevos problemas?
— ¿Es necesario cambiar el curso de acción?

CÓMO DECIDIR: DOGMATISMO, DELIBERACIÓN Y EQUILIBRIO REFLEXIVO

En los capítulos anteriores se han tratado las teorías y guías éticas desarrolladas para responder a los problemas en bioética clínica. Tanto si se emplea una teoría como una guía, hay un momento en el que se tienen que «poner sobre la mesa» todos los elementos para tomar la mejor decisión; aquella que nos aproxime a lo bueno. Este momento se identifica generalmente con la deliberación. Pero deliberar no es la única manera de decidir. Hay teorías que emplean otros procedimientos, como el equilibrio reflexivo o el dogmatismo.

Bioética sustantivas, descriptivas y procedimentales

En el artículo *Cómo la medicina salvó la vida a la ética*,[134] Stephen Toulmin explica que durante los primeros años sesenta las discusiones morales en los países anglosajones se centraban en cuestiones teóricas. Mientras en los círculos académicos había una línea dogmática dura que recurría a la autoridad de determinados códigos morales (generalmente religiosos), existía otra línea opuesta

---

134   Toulmin S. How Medicine Saved the Life of Ethics. Perspect Biol Med. 1982 Summer;25(4):736-750.

de relativistas y subjetivistas que consideraban que la diversidad antropológica y psicológica justificaba las diferentes convicciones y sentimientos morales. Los que buscaban una forma racional de resolver los problemas éticos, de construir procedimientos acordados de argumentación, no encontraban su lugar. S. Toulmin explica que a partir de los años sesenta, la ética médica, al ir más allá las infructuosas discusiones metaéticas señaladas, rompe el estancamiento del debate ético.

Siguiendo el esquema de S. Toulmin, desde el nacimiento de la bioética se han seguido tres tendencias: 1) bioéticas sustantivas —la línea dogmática de S. Toulmin—, que tienen habitualmente detrás una ideología o credo, no necesariamente religiosa; 2) bioéticas descriptivas —la línea subjetivista de S. Toulmin—, que describen de forma «neutra» lo que sucede, considerando que cada argumento es igual de válido, lo que conduce a actitudes morales relativistas y de neutralidad ética; 3) bioéticas procedimentales —la tercera vía abierta de S. Toulmin—, que buscan procedimientos racionales de decisión para encontrar argumentos acordados. Esta tercera vía permitiría salir del estancamiento. Escapar de la guerra de valores o de compromisos fanáticos, en términos de Paul Ricoeur,[135][136] y también del relativismo moral.

Las bioéticas procedimentales pueden provenir del principialismo, del casuismo, del utilitarismo, de las éticas de las virtudes o de otra teoría moral, porque en el procedimiento importa más el *cómo* que el *qué*. Lo relevante es *cómo* se sopesan los factores en juego para tomar la mejor decisión y no tanto *qué* valores se defienden. Este procedimiento es la deliberación, incluido en casi todas las teorías y guías de decisión descritas. No obstante, hay

135 Ricoeur P. Ética y moral. En: *Doce textos fundamentales de la* ética *del siglo* xx. Carlos Gómez (ed.). Madrid: Alianza Editorial; 2002. 241-255.
136 Nussbaum MC. Ricoeur on Tragedy. Teleology, Deontology, and Phronesis. En: Paul Ricoeur and Contemporary Moral Thought, Wall J, Schweiker W, Hall D (editores). Nueva York: Routledge; 2002. 264-276.

también bioéticas sustantivas. Propuestas en las que importa más el *qué*, la imposición de determinados valores y principios, que el *cómo*. Y además existen bioéticas descriptivas, que emplean el equilibrio reflexivo en el momento de decidir.

A continuación, se exponen algunas características de la deliberación y del equilibrio reflexivo, el cual ha cobrado vigencia de la mano de la bioética empírica. Las bioéticas sustantivas se han tratado al abordar el principialismo, porque el deontologismo fuerte es una ética sustantiva. Decidir consistiría en defender una serie de principios predefinidos.

La deliberación

En el libro III de la Ética a Nicómaco, Aristóteles explica qué es la deliberación y cuándo se puede deliberar:[137]

> La deliberación tiene lugar, pues, acerca de cosas que suceden la mayoría de las veces de cierta manera, pero cuyo desenlace no es claro y de aquellas en que es indeterminado. Y llamamos a ciertos consejeros en materia de importancia, porque no estamos convencidos de poseer la adecuada información para hacer un buen diagnóstico. Pero no deliberamos sobre los fines, sino sobre los medios que conducen a los fines. Pues, ni el médico delibera sobre si curará, ni el orador sobre si persuadirá, ni el político sobre si legislará bien, ni ninguno de los demás sobre el fin, sino que, puesto el fin, consideran cómo y por qué medios pueden alcanzarlo; y si parece que el fin puede ser alcanzado por varios medios, examinan cuál es el más fácil y mejor, y si no hay más que uno para lograrlo, cómo se logrará a través de éste, y éste, a su vez, mediante cuál otro.

La deliberación es un procedimiento para tomar decisiones en situaciones de incertidumbre para alcanzar un fin

---

137   Aristóteles. Ética *a Nicómaco*, libro IX. Madrid: Gredos; 1985. 335-336.

predeterminado (conocido). En el libro VI («De la deliberación») Aristóteles explica que una buena deliberación es «una conformidad con lo útil, tanto con respecto al objeto, como al modo y al tiempo».[138] Deliberar es hacer lo conveniente («lo útil»); es tomar decisiones especificando qué medios se deben utilizar y cuál es el momento óptimo de actuar para conseguir el objetivo predeterminado. Deliberar rectamente es propio de aquellos que poseen *phronesis* («sabiduría práctica»).

Aristóteles insiste en que se delibera sobre aquello que puede ser de diferentes formas y está en nuestras manos, sobre aquello que depende de nosotros: «En cuanto a las cosas que pueden ser o no ser, es posible deliberar sobre ellas y está en nuestro poder hacerlas o no» (libro II);[139] «Deliberamos, entonces, sobre lo que está en nuestro poder y es realizable, […] los hombres deliberan sobre lo que ellos mismos pueden hacer. Sobre los conocimientos exactos y suficientes no hay deliberación, […] deliberamos sobre lo que se hace por nuestra intervención, aunque no siempre de la misma manera, por ejemplo, sobre las cuestiones médicas o de negocios» (libro III).[140] Se delibera sobre las situaciones que dependen de nosotros, donde hay varias opciones y acerca de qué medios debemos emplear para conseguir un fin. Este, el fin, no es objeto de deliberación. Al deliberar hay que considerar todos los factores y sujetos implicados: los medios.

La deliberación aristotélica ha persistido en las éticas procedimentales, que justifican las decisiones a través de argumentos racionales construidos entre los implicados. Las éticas sustantivas no usan la deliberación, sino la deducción a partir de unos principios jerarquizados preestablecidos. Tampoco se delibera en las éticas descriptivas. Para estas, la justificación moral no pende de un criterio moral superior —como ocurre con las

---

138 Ibid. 281.
139 Ibid. 459.
140 Ibid. 186.

éticas sustantivas— ni de un procedimiento que permite encontrar el mejor argumento (la deliberación). La justificación moral en las éticas descriptivas se encuentra en lo conveniente, en el mejor consenso y equilibrio provisional. Al igual que en la deliberación, se consideran todos los factores y sujetos implicados, pero sin la aspiración de encontrar una decisión que sea mejor éticamente. Dicha aspiración es excesiva.

Las éticas procedimentales propuestas en el siglo xx, desde Paul Ricoeur a Hans Jonas, desde Jürgen Habermas a Jean-Paul Sartre, explican que la deliberación es el procedimiento de la ética, porque permite tomar decisiones racionales incorporando a los implicados y teniendo en cuenta los factores en juego. La sabiduría práctica (*phronesis*) es su mejor herramienta. Para Jean-Paul Sartre,[141] siguiendo a Aristóteles, la deliberación es la apreciación de los medios con relación a los fines. Jürgen Habermas vincula la deliberación a su ética del discurso y de la acción comunicativa.[142] Defiende una ética procedimental, que no trace verdades en su contenido, sino un método que permita llegar a decisiones acordadas por todos. La legitimidad se logra cuando todas las personas participan en la decisión a través de discursos e intervenciones racionales, en un proceso de deliberación donde el mejor argumento acaba ganando. Para ello es preciso que los individuos que participan en la deliberación estén capacitados e informados y que, además, sean sinceros y equitativos. Es un método para decidir que considera los factores más importantes, para que, en la medida de lo posible, los actores participen en la acción. Para J. Habermas la deliberación es el método y la *phronesis* es lo que permite tomar buenas decisiones. Miguel Kottow[143] especifica

---

141 Sartre JP. *El ser y la nada: Ensayo de ontología fenomenológica*, cuarta parte, cap. I, I. Barcelona: Ediciones Altaya; 1993. 470.

142 Habermas J. *Política deliberativa: Un concepto procedimental de democracia.* En: *Facticidad y Validez* (4.ª ed.). Madrid: Trotta; 2005. 363-405.

143 Kottow M. *Refining Deliberation in Bioethics.* Med Health Care Philos. 2009 nov.;12 (4): 393-397.

que en ética hay dos formas de razonamiento: la argumentación formal, basada en proposiciones de hecho y que usa la lógica (aplicable, sobre todo, a la ética analítica), y la deliberación, donde se emplean, junto a las proposiciones de hecho, otras de valor, donde se usan además las emociones, intuiciones y otros elementos no lógicos. Siguiendo a J. Habermas, M. Kottow señala que esta forma de argumentar es propia de la ética comunicativa.

Paul Ricoeur expone en Ética y *moral* (1990)[144] qué es la sabiduría práctica o *phronesis*. Explica que muchos conflictos se deben a la aplicación de las normas morales a las situaciones concretas, sobre todo cuando los caracteres obstinados se identifican por completo con una regla particular, volviéndose ciegos para cualquier otra, como les sucedió a Antígona y a Creonte. Este es el modelo de las éticas sustantivas y del dogmatismo. P. Ricoeur habla de guerra de valores o guerra de compromisos fanáticos, con un resultado final: «El nacimiento de una tragedia de la acción sobre el fondo de un conflicto de deberes». Propone que

> para hacer frente a esta situación se requiere una sabiduría práctica, sabiduría referida al juicio moral en situación, y para la cual la convicción es más decisiva que la regla misma. Dicha convicción no es, sin embargo, arbitraria, en la medida en que recurre a las fuentes del sentido ético más originario que no han ascendido a la norma.

P. Ricoeur propone la *phronesis* como solución ante la unilateralidad, a las éticas sustantivas. Es una respuesta contextual y situacional, sensible a las necesidades conflictivas de la realidad, que requieren elegir con conocimiento del carácter conflictivo de la realidad. La *phronesis* es una alternativa a la univocidad (a las éticas sustantivas) y a la arbitrariedad (al relativismo, al mero

---

144 Ricoeur P. Ética y moral. En: *Doce textos fundamentales de la ética del siglo XX*. Carlos Gómez (ed.). Madrid: Alianza Editorial; 2002. 241-255.

emotivismo). Permite sustraer al máximo la convicción moral, encontrar la mejor decisión.

Deliberación en bioética clínica

En *Hombres a la carta* (1998)[145] Javier Sádaba precisa el tipo de ética que se puede hacer en bioética: una ética procedimental. De forma similar a S. Toulmin, distingue entre ética procedimental, que «no aspira a verdades absolutas, sino que se basa en el acuerdo de los que en dicha moral participan», y ética sustantiva, que «se apoya en verdades que no dependen de los acuerdos en cuestión, sino que se toman como autónomas. Son verdades y punto», afirmando que «a la hora de hacer bioética solo disponemos, sin embargo, de una moral procedimental y no de contenido». Para J. Sádaba, la bioética debe ser un camino para reflexionar y tomar buenas decisiones (un procedimiento) y no un conjunto de fórmulas o principios inflexibles que establezcan el bien de cada acción moral. Este procedimiento racional es la deliberación.

Muchos autores, desde perspectivas diferentes, han explicado el proceso deliberativo, entre otros: Edmund Pellegrino, Henk ten Have, Diego Gracia, Mark Siegler,[146] Ezequiel Emanuel,[147] etcétera. Casi todas las teorías (ética de la virtud, principialismo, utilitarismo, casuismo, pragmatismo) y guías diseñadas para afrontar los problemas bioéticos incorporan la deliberación en su metodología.[148] Es el momento en el cual se consideran todos los fac-

---

145 Sádaba J. *Hombres a la carta*. Madrid: Temas de hoy; 1998. 24-25.

146 Siegler M. *La relación médico-paciente en la era de la medicina de gestión*. En: *Limitación de prestaciones sanitarias*, VV. AA. Madrid: Fundación Ciencias de la Salud/Doce Calles; 1997. 44-64.

147 Emanuel EJ, Emanuel LL. *Cuatro modelos de la relación médico-paciente*. En: *Bioética para clínicos*, Couceiro A (ed.). Madrid: Triacastela; 1999. 109-126.

148 Dalla Nora CR, Campos Pavone Zoboli EL, Vieira MM. *Deliberación ética en salud: Revisión integrativa de la literatura*. Rev. Bioét. 2015; 23 (1): 115-125.

tores implicados y a los actores involucrados, a fin de encontrar la mejor decisión. Se parta de principios generales, de los detalles del caso o del cálculo de las mejores consecuencias, se trata de sopesar los factores relevantes para llegar a la decisión óptima.

Las éticas de la virtud reconocen la importancia de la deliberación y de la *phronesis*. Para Edmund Pellegrino y David Thomasma,[149] la virtud fundamental del médico es la *phronesis*, entendida como aquello que dispone para elegir lo que hay que hacer («sabiduría práctica»). El principialismo de T. L. Beauchamp y J. M. Childress introduce la deliberación en su metodología: los principios han de considerarse con las circunstancias, con las condiciones en las que se toma la decisión y pensando las consecuencias. Sin olvidar que ningún principio es absoluto. Siguiendo a J. Sádaba, no son «verdades y punto». No obstante, existen principialismos sustantivos, que parten de unos presupuestos sobre qué es correcto, lo que dificulta la deliberación. Por ejemplo, el personalismo considera que existen unos principios jerarquizados, que sitúan a un determinado bien moral —el valor fundamental de la vida humana— en la cúspide de la pirámide. Para deliberar es necesario tolerar la diversidad moral y evitar las actitudes dogmáticas, que únicamente conducen a enfrentamientos irresolubles. A la guerra de valores o de compromisos fanáticos señalada por P. Ricoeur; a un conflicto de deberes.

Respecto al casuismo, A. R. Jonsen, M. Siegler y W. J. Winslade incorporan la deliberación en su procedimiento. En la introducción de *Clinical Ethics* señalan su deseo de que la obra sea particularmente útil para quienes forman parte de los comités de ética, para cuando deliberan sobre casos éticos difíciles.[150] El objetivo

---

149 Pellegrino ED, Thomasma DC. *The Virtues in Medical Practice*. Nueva York: Oxford University Press; 1993. 84-90.
150 Jonsen AR, Siegler M, Winslade WJ. (eds.). Ética clínica: Un enfoque práctico para las decisiones éticas en medicina clínica (9.ª ed.). Nueva York: McGraw-Hill Education; 2022. 4-14.

principal de su método es que ayude a deliberar. En cuanto al pragmatismo, no parte de verdades ni de conceptos generales, sino de la realidad empírica. Desde ahí se leen los valores. Su compromiso con el empirismo socava las brechas entre la teoría y la práctica, abriendo paso a la deliberación.[151] No obstante, la teoría pragmatista posiblemente se alinea más con el equilibrio reflexivo que con la deliberación, lo cual será explicado más adelante.

Pseudodeliberación

El procedimiento deliberativo de J. Habermas, uno de los más conocidos, ha sido cuestionado por idealizar el procedimiento. Jean-François Lyotard[152] critica la imposibilidad práctica de llevar a cabo su propuesta. Junto a las dificultades prácticas del procedimiento, J-F. Lyotard señala que pensar que todas las personas que participan de una decisión son capaces y están informadas es una ilusión. La falta de educación/formación de los participantes imposibilitaría que haya un diálogo constructivo y concluir con una decisión.

Junto a los argumentos de J-F. Lyotard, hay dos cuestiones más asociadas a la factibilidad práctica de la deliberación: hasta cuándo hay que deliberar y qué consenso debemos alcanzar.

1) Sobre lo primero (*hasta cuándo hay que deliberar*), si el procedimiento no se realiza correctamente, la deliberación termina convirtiéndose en un problema, porque no se concreta, no finaliza el proceso, etcétera. En realidad, no se estaría realizando una verdadera deliberación, sino *pseudodeliberación*. En apariencia se delibera, pero no se concluye en una

151 Pamental M. *Pragmatism, Metaphysics, and Bioethics: Beyond a Theory of Moral Deliberation.* J Med Philos. 2013 dic.;38(6):725-742.

152 Lyotard J-F. *La condición postmoderna: Informe sobre el saber.* Madrid: Cátedra; 2006 (1984). 116-118.

decisión. Miguel Kottow[153] insiste en lo habitual que son las declaraciones vacías en bioética, las afirmaciones generales que terminan llamando a la prudencia o a la deliberación. Muchas veces se confunde la deliberación con el mero diálogo, con la conversación o la discusión. Con un intercambio de opiniones donde no se concluye nada. La deliberación, si no acaba en una decisión práctica, es fútil. Al deliberar se puede dialogar, conversar y se puede discutir, pero *deliberar* es más que se eso. Se tiene que dar un paso más y encontrar qué es lo mejor que se puede hacer. Ahí aparece la *phronesis* o sabiduría práctica.

2) En cuanto al *tipo de consenso*, la dificultad radica en la cantidad de personas y elementos con los que muchas veces hay que contar. El acuerdo que tienen que lograr los interlocutores para considerar que la deliberación ha finalizado dependerá del contexto. En un ámbito jerarquizado, como un departamento universitario donde se delibera si se tiene que despedir a un profesor, una vez expuestos los argumentos y cursos de acción, es posible que se llegue a un consenso. Si no es así, al existir una jerarquía, el responsable del departamento, con el resultado de la deliberación, tendrá que decidir. Es más difícil en un ambiente no jerarquizado, como un comité de ética. Hay comités que optan por mostrar la decisión consensuada por la mayoría y explicar los votos particulares. Junto al consenso general se exponen los puntos de vista particulares de los que disienten.

El principal problema de la deliberación es vaciarla de su componente práctico. Que sirva de excusa para no decir o hacer nada.

---

153   Kottow M. Refining *Deliberation in Bioethics*. Med Health Care Philos. 2009 nov.;12(4):393-397.

Si ante un conflicto moral únicamente se dice «hay que deliberar», no se está diciendo nada. Para deliberar hay que cuidar el proceso en sí: los participantes tienen que saber deliberar y, a fin de concluir, debe haber unas normas —requisitos— mínimas.

Requisitos para la deliberación

Como explica Aristóteles, la deliberación moral sirve para saber qué tenemos que hacer, qué medios hay que emplear y en qué momento. Al deliberar se consideran todos los factores relevantes que influyen en el problema (los medios) para averiguar qué hacer y en qué momento. Los factores que se consideran son fundamentalmente: los hechos y circunstancias que atañen al caso, el problema o problemas éticos, es decir, los valores y normas éticas (principios, reglas, axiomas) afectados, las opciones y cursos de acción disponibles, considerando sus posibles resultados y las consecuencias. Para que el proceso deliberativo sea eficaz y cumpla su función, son precisos una serie de requisitos, entre ellos:

Participación de los sujetos implicados

La deliberación es un proceso participativo. Tienen que participar los implicados en la decisión, para que evalúen los pros y contras de cada posible elección. Quienes deliberan tienen que saber escuchar, interpretar y esforzarse por comprender los argumentos de los demás. Todos los implicados tienen algo que decir acerca de la decisión en ciernes.

Los participantes en el diálogo deliberativo no son espectadores pasivos. Están obligados a mostrar su punto de vista. Al participar adquieren un compromiso moral con el resto de los participantes. Las actitudes pasivas, además de que no aportan nada, pueden bloquear la libre expresión de opiniones de los demás. Dificultan la deliberación.

Perspectivismo

Las éticas sustantivas impiden la deliberación porque parten de verdades ciertas *a priori* que impiden la comprensión de otros puntos de vista. Por otra parte, el relativismo es un callejón sin salida. Una salida entre estos dos polos es el perspectivismo. Friedrich Nietzsche es uno de sus padres. Para Nietzsche, las perspectivas son el horizonte a través del cual se accede al mundo. La verdad se fragmenta en perspectivas infinitas y su conjunto constituye la realidad. El pluralismo surge de la inconmensurabilidad de perspectivas, derivadas de las percepciones de cada ser. En *El libro del filósofo* (1875) señala que «todo conocimiento consiste en medir con una escala. Sin escala, es decir, sin una limitación de cualquier tipo, no existe conocimiento».[154] Las escalas son individuales. Corresponden al ser cognoscente. Conocer nuestra perspectiva es realizar una valoración que tiene su origen en nosotros mismos.

José Ortega y Gasset expone el perspectivismo en *Verdad y perspectiva* (1916).[155] Explica cómo la tradición filosófica ha dado dos interpretaciones opuestas al conocimiento: el objetivismo o dogmatismo (en ética las éticas sustantivas) y el escepticismo o subjetivismo (el relativismo). Para el objetivismo la realidad existe en sí misma, por lo que su conocimiento es posible. Esta tesis, defendida especialmente por Platón, ha sido la mayoritaria. Para los dogmáticos la verdad solo puede ser una, con independencia de las peculiaridades, de la cultura o la época. La influencia de la individualidad y de la subjetividad inducen a error. Para el subjetivismo los rasgos del sujeto cognoscente determinan el conocimiento, por lo que el conocimiento objetivo no es posible. Entre

154   Nietzsche F. *El libro del filósofo*. Aforismo 99. Zaragoza: Titivillus; 2000. 29.
155   Ortega y Gasset J. Verdad y perspectiva (2016). En: El espectador I. Confesiones de «El espectador», *Obras Completas*, Tomo II, El espectador (1916-1934) (6.ª ed.). Madrid: Revista de Occidente; 1963. 16.

sus defensores Ortega sitúa a los sofistas y al propio Nietzsche. El subjetivismo implica relativismo y termina negando la posibilidad de conocer la verdad (escepticismo). En *El tema de nuestro tiempo* (1923)[156] Ortega explica la doctrina del punto de vista como alternativa al objetivismo dogmático y al subjetivismo relativista. Como «cada vida es un punto de vista sobre el universo», es imposible que agote la realidad, por lo que «la verdad integral sólo se obtiene articulando lo que el prójimo ve con lo que yo veo, y así sucesivamente. Cada individuo es un punto de vista esencial». Según Javier Gracia,[157] punto de vista y perspectiva son sinónimos en Ortega. Ambos aluden al espectador: «Si no hay un sujeto que contemple, a quien la realidad aparezca, no hay perspectiva».[158]

El relativismo, al destruir la dimensión de la perspectiva de la realidad, sería una teoría suicida. Por contra, el perspectivismo orteguiano es intercultural e intersubjetivo. Mientras para el relativismo cada cultura es un universo cerrado, sin que sea posible compatibilizar los puntos de vista en busca de la verdad, para el perspectivismo sí es posible. El ser humano no puede renunciar a la verdad. La busca constitutivamente, pero solo puede ver la realidad bajo una determinada perspectiva, siendo todas ellas igualmente verídicas y auténticas: «Una de las cualidades propias a la realidad consiste en tener una perspectiva, esto es, en organizarse de diverso modo para ser vista desde uno u otro lugar».[159]

156   Ortega y Gasset J. *La doctrina del punto de vista*. En: El tema de nuestro tiempo. Madrid: Calpe; 1923. 143-159.
157   Gracia Calandín J. *La perspectiva intercultural: Ortega y la hermenéutica*. Daimon. Revista Internacional de Filosofía. 2018 sept.-dic.; 75:147-160.
158   Ortega y Gasset J. En: 2.º perspectivismo. *El sentido histórico de la teoría de Einstein*. Madrid: Calpe; 1923. 227-228.
159   Ibid. 226.

Los riesgos del dogmatismo para la deliberación son evidentes. Por su parte, el relativismo, al situar todas las posturas al mismo nivel, sin diálogo (acuerdo) posible, imposibilita la priorización, acordar qué decisión es mejor, porque todo depende del punto de vista. El perspectivismo es una salida a la elección entre las éticas sustantivas (el dogmatismo) y el relativismo (el subjetivismo igualitario). Permite dialogar y deliberar, estar abiertos a las diferentes perspectivas (puntos de vista), sabiendo que hay que encontrar un acuerdo —entre las perspectivas— sobre qué es lo mejor.

Tolerancia con otros puntos de vista

La tolerancia sirve para rebajar las aspiraciones de los dogmáticos y para subir las de los relativistas. La cantidad de actores que hay en las decisiones bioéticas —con diferentes perspectivas y escalas valorativas— obliga a afrontar los problemas partiendo de verdades con minúsculas. A aceptar que todos los puntos de vista tienen valor. La tolerancia es la actitud de comprensión y respeto hacia los interlocutores. Es un intento de resolver los conflictos considerando que las distintas perspectivas (en busca de la verdad) son válidas y pueden ser compatibles, porque compartimos verdades con minúsculas, no una verdad con mayúsculas. El intercambio fecundo entre los diversos puntos de vista es posible. Para ello cada uno tiene que renunciar a parte de *su* verdad. Desde la renuncia a una parte de las verdades particulares se puede construir el acuerdo: una verdad con minúsculas, pero compartida.

Diálogo constructivo: el diálogo deliberativo

El perspectivismo es una postura epistemológica (una forma de entender la realidad) y la tolerancia una actitud (de respeto hacia los diferentes puntos de vista). No son procedimientos para decidir. Para dar una respuesta óptima a los problemas hay que ir más allá del perspectivismo y la tolerancia. Es preciso encontrar un método que permita: 1) incorporar todos los factores en juego y a todos los sujetos implicados en el problema; 2) establecer prioridades para dar la mejor solución al problema. Un procedimiento que ayude a averiguar qué valor tiene cada una de las interpretaciones del problema y cómo se deben incorporar los factores en la decisión; que permita establecer prioridades considerando todas las perspectivas. Este método es el diálogo deliberativo. El diálogo deliberativo no es cualquier diálogo. Es un diálogo abierto, en el que cada uno muestra su opinión para llegar a la mejor solución.

Creatividad

El pensamiento divergente engendra ideas originales (creativas) que se apartan de la norma. Es fundamental para superar muchas situaciones de la vida diaria y para resolver los problemas morales complejos. El pensamiento convergente, por el contrario, analiza y evalúa las ideas lineal y lógicamente. Para este pensamiento las soluciones a los problemas deben corresponderse con los requisitos planteados inicialmente.[160] En la deliberación se necesita encontrar soluciones óptimas; las mejores dentro de lo posible. Para hacerlo, muchas veces es preciso un pensamiento divergente, creativo, que encuentre soluciones que pasan desapercibidas a primera vista. Ideas que, sorprendentemente, pueden ser la mejor respuesta al problema.

---

160   Eon Duval P, Frick A, Denervaud S. *Divergent and Convergent Thinking Across the School Years: A Dynamic Perspective on Creativity Development.* The Journal of Creative Behavior. 2023;57(2):186-198.

Practicidad

En ética hay que decidir. La deliberación es una herramienta para tomar la mejor decisión. Si la deliberación no acaba en una decisión acorde al momento y a los medios disponibles, no sirve para nada. La ética clínica tiene que ser práctica y tras deliberar hay que tomar decisiones:

- Que respondan de forma práctica y realista del problema.
- Plausibles, es decir, realizables; de nada sirve una elección aparentemente impecable si después no se puede llevar a cabo.
- Temporales: toda decisión es criticable y modificable conforme cambia la realidad, por lo que debe ser seguida en el tiempo para evaluar su resultado, cambiándola si es preciso.

Orden

Para garantizar la toma en consideración de todos los factores y que la deliberación concluye en una decisión práctica, el proceso tiene que ser ordenado. Debe tener una sistemática, un orden, que asegure la apreciación de los factores más relevantes, que son: 1) los hechos y las circunstancias que atañen al problema (lo que sucede); 2) el problema o problemas éticos: los bienes/valores y normas éticas afectadas (principios, reglas, axiomas); 3) las decisiones posibles: opciones y cursos de acción disponibles; 4) los resultados esperables, es decir, las consecuencias de los cursos de acción planteados. Se tiene que deliberar sobre todo ello de forma ordenada para, al final, tomar la mejor decisión.

El diálogo deliberativo

Entre los requisitos para la deliberación, se han nombrado: participación de los implicados, perspectivismo, tolerancia, diálogo constructivo (diálogo deliberativo), creatividad, practicidad y orden. El perspectivismo es una posición epistemológica y la tolerancia una actitud. La creatividad se tiene que trabajar para que aparezca el pensamiento divergente. La practicidad y el orden son necesarios para «llevar el barco a puerto». Sin embargo, el núcleo de la deliberación es el diálogo.

Para deliberar hay que dialogar respetando a los demás y considerando el conjunto de los aspectos involucrados en el problema. El diálogo debe establecerse intentando comprender tanto a los interlocutores como la complejidad del problema. Si la deliberación es adecuada, se podrá tomar una decisión fundamentada. A pesar de que la mayor parte de las teorías y guías en bioética incorporan la deliberación en su metodología, apenas detallan cómo se realiza el diálogo deliberativo. Cómo se realiza el proceso participativo de escucha y aporte de opiniones que debe concluir en una decisión. Se han realizado diferentes propuestas, como el diálogo socrático o la incorporación de la hermenéutica para ampliar la comprensión del problema.

Diálogo socrático

Dieter Birnbacher ha aplicado el método socrático a la ética médica para ayudar a los interlocutores a deliberar.[161] Su procedimiento se fundamenta en el método socrático de Leonard Nelson (1882-1927) y Gustav Heckmann (1898-1996),[162] inspirado, a su vez, en los diálogos de Platón. En ellos Sócrates cuestiona a sus interlocutores y aplica la mayéutica para llegar a la verdad. L. Nelson y G. Heckmann diseñaron su método para diálogos en grupos pequeños. Para hacer posible la deliberación, introdujeron la figura del facilitador del diálogo. Partiendo de

---

161 Birnbacher D. *The Socratic Method in Teaching Medical Ethics*. Medicine, Healthcare and Philosophy. 1999;2(3):219-224.
162 Heckmann G. *Socratic Dialogue*. *Thinking*. The Journal of Philosophy for Children. 1988;8(1):34-37.

una pregunta concreta, se emprende la búsqueda de una respuesta en común. El facilitador, en busca de la verdad, refuerza la confianza de los participantes. Para que el diálogo sea exitoso, es esencial que los participantes estén motivados con el método. Deben estar dispuestos a aportar sus pensamientos con honestidad y a escuchar los de los demás.

D. Birnbacher traslada este método a la ética clínica. Los participantes del grupo deben trabajar colectivamente en un problema real (conceptual, ético o psicológico). Realizan una investigación filosófica sobre sus presuposiciones conceptuales y argumentativas. Se delibera teniendo en cuenta las opiniones de todos los implicados. Sus objetivos son la clarificación conceptual, la búsqueda de consenso y la reflexión crítica sobre la lógica del proceso de pensamiento. El método busca tomar una decisión consensuada, algo que no siempre es posible. El trabajo se hace sin base textual ni apenas ayuda del facilitador, que es quien dirige el diálogo. Durante el proceso, tanto los participantes como el facilitador tienen que cumplir unas reglas para garantizar que se produzca un pensamiento abierto, fructífero y orientado al consenso.

Aclarados los hechos y el problema ético, hay que deliberar para buscar la mejor solución. En esta fase aparece el Diálogo Socrático. De forma resumida, las reglas del método de D. Birnbacher son: partir de experiencias individuales relevantes, interpretarlas y generalizarlas con cautela en un proceso de confrontación y confirmación intersubjetiva, no directividad por parte del facilitador respecto a los contenidos de la discusión, los participantes tienen que hacer explícito tanto su pensamiento como la forma de entender el de los demás, separar los contenidos en discusión de su objetivo final y usar racionalmente las emociones y motivaciones que aparezcan durante la discusión. El papel del facilitador es esencial; quién es, su formación y talante.

Reglas para el facilitador del diálogo:
1. Reserva y no directividad en relación con cuestiones sustanciales.
2. Imparcialidad; protección del pensador más lento.
3. Permitir que los participantes se entiendan claramente; apoyo a los esfuerzos para lograr una mejor comprensión.
4. Llevar continuamente a los participantes a la pregunta original de la deliberación.
5. Trabajar en dirección de un consenso.

Reglas para los participantes:
1. Expresarse con claridad.
2. Tratar de entenderse mutuamente.
3. Tomar la experiencia propia como punto de partida.
4. Articular la insatisfacción y el malestar.

Diálogo hermenéutico

La hermenéutica persigue la comprensión de los procesos y problemas humanos. No es una teoría destinada a formular normas ni pautas de decisión; a establecer un método de toma de decisiones. Hans-Georg Gadamer incide en la importancia del diálogo, de la conversación, para que la comprensión sea posible. En *El estado oculto de la salud* (1996)[163] explica que la hermenéutica puede ayudar a todos los médicos a construir el diálogo necesario en busca de la (comprensión de la) verdad: «Desde el punto de vista médico, es imposible negar la unidad psicofísica del ser humano. [...] "El alma" no constituye un sector sino la totalidad de la existencia corporal del hombre. Aristóteles lo sabía. El alma es la vida del cuerpo». A través del diálogo, médico y paciente pueden descubrir aquello que les preocupa, aquello que está oculto. Pueden intentar comprenderlo:

---

163   Gadamer HG. *El estado oculto de la salud*. Barcelona: Editorial Gedisa; 2001 (1993). 187.

Cualquiera sabe cómo inicia el médico su diálogo: «¿Y? ¿Qué le anda fallando?». O, cuando es uno el que lo quiere saber: «¿Qué es lo que me falla, en realidad?». Esta es la pregunta que, como paciente, uno suele dirigir al médico que lo examina y lo asesora. ¿No es curioso que la falla de algo que uno desconoce le garantice la maravillosa existencia de la salud? A causa de esa falla uno advierte todo lo que tenía... Más exactamente: no todo lo que tenía, sino que lo tenía todo. A esto se lo llama bienestar.[164]

En ética clínica, paciente, profesionales y otros actores tratan de entenderse para establecer un plan de atención.[165] La hermenéutica puede ser útil para la deliberación. Permite comprender mejor los argumentos y puntos de vista de las diferentes partes implicadas en un problema. El principal objetivo de la hermenéutica es comprender el pluralismo de significados. Su método está especialmente orientado al proceso. Se centra en las múltiples interpretaciones del texto (la narrativa del paciente y de las otras partes) y en su forma. A través del diálogo interpretativo intenta que salgan a la luz los matices escondidos detrás de los problemas. Facilita la comprender su complejidad. Es un acto de interpretación más allá de los límites aparentes. Para la interpretación el contexto —comunidad, tradición, cultura— es esencial.

En su aplicación a la ética clínica, el paciente (su narrativa) es un «texto» que debe ser entendido por el profesional. El enfoque hermenéutico ayuda a entender el texto (generalmente es más de uno), su contexto y cómo se forman los juicios morales, sin aclarar si los juicios son correctos. Para David C. Thomasma[166] la contribución de la hermenéutica reside en la necesidad de que médico y paciente se entiendan a través de la distancia que,

---

164 Ibid. 91.
165 Vergara O. *Hermeneutics and Decision Making in Clinical Ethics*. Rev Bioét. 2017;25(2):255-263.
166 Thomasma DC. *Clinical Ethics as Medical Hermeneutics*. Theor Med Bioeth. 1994; 15 (2): 93-111.

inevitablemente, los separa. Define la ética clínica como una hermenéutica médica, donde se interpreta la situación clínica a la luz del equilibrio entre los valores. Henk ten Have[167] indica que la hermenéutica es una teoría interpretativa de la ética clínica. El punto de partida del médico es la experiencia moral del paciente. Esta no se debe interpretar y explicar únicamente aplicando teorías y principios éticos, considerando los actos y sus consecuencias, sino abarcando conjuntamente toda la experiencia moral, la cual incluye sus actitudes y emociones. La interpretación no debe ser una tarea individual del médico, condicionado culturalmente. Además, siempre es provisional y puede haber más de un significado.

Para Bruno Cadorè,[168][169] el enfoque hermenéutico en ética clínica no es un método para resolver problemas, sino una herramienta para comprender mejor lo que sucede. Siguiendo a B. Cadoré, el Departamento de Filosofía de la Universidad de Nijmegen ha sugerido una estructura para un diálogo hermenéutico. Parte de las experiencias personales relacionadas con el caso, es decir, de las intuiciones primarias. Posteriormente se analiza el «texto»: perspectiva y estilo, estructura y contenido, sin excluir ningún aspecto que pueda estar relacionado con la narrativa del problema. Asimismo, se estudian dos aspectos nucleares para la comprensión del problema: los términos importantes y las teorías éticas implicadas. Tras un esfuerzo de interpretación y comprensión se vuelve al caso, a las intuiciones primarias, para ver si existe alguna consideración que se pueda añadir a dichas intuiciones.

167   Ten Have H. *The Hyperreality of Clinical Ethics: A Unitary Theory and Hermeneutics*. Theor Med Bioeth. 1994;15(2):113-131.

168   Cadoré B. *Une* éthique *de la prise de décision*. Méthodologie [Ethics of Decision Making. Methodology]. Soins Form Pedagog Encadr. 1997;(21):12-17.

169   Cadorè B. *A Hermeneutical Approach to Clinical Bioethics*. En: Clinical Bioethics: A Search for the Foundations, Viafora C (ed.). Springer: Dordrecht; 2005. 56.

Intuiciones primarias

1. Primeras intuiciones relacionadas con el caso

A. Análisis de las perspectivas narrativas

2. Perspectiva y estilo

B. Análisis de las narrativas

3. Estructura de las narrativas

4. Contenido de las narrativas

C. Componentes de la narrativa

5. Palabras clave

6. Teorías éticas

De vuelta al caso

7. Importancia de las consideraciones para el caso, diferencia con las intuiciones primarias

---

Método hermenéutico de Durand

Gilbert Durand ha sugerido un protocolo que une elementos de la reflexión hermenéutica y del análisis ético (de la metodología ética).[170] Mientras el diálogo hermenéutico de la Universidad de Nijmegen realiza un análisis retrospectivo de las narrativas de los participantes, la versión de Durand incluye un elemento prospectivo, porque su análisis se orienta a la decisión, a determinar cómo actuar.

Método hermenéutico de Durand (1999)

---

1. Análisis de la situación problemática.
2. Contexto ético de la situación (responsabilidades).
3. Determinación de diferentes escenarios posibles.
4. Debate sobre los escenarios.
5. Sugerencias sobre cómo seguir adelante.

---

170 Steinkamp N, Gordijn B. *Ethical Case Deliberation on the Ward. A Comparison of Four Methods.* Medicine, Health Care and Philosophy. 2003; 6: 235-246.

Método CARE

En enfermería, en el contexto de las éticas del cuidado, se ha desarrollado el modelo CARE para la deliberación moral, siguiendo las iniciales «consideraciones, acciones, razones, experiencias».[171] Este modelo se planteó inicialmente para psiquiatría, trasladándose después a otros ámbitos. Proporciona un marco para estructurar las deliberaciones morales combinando enfoques narrativos y dialógicos. Se trata de fomentar la conversación entre los interesados, incluidos los pacientes, para alcanzar un entendimiento común. Busca abrir el enfoque de los problemas y obtener una comprensión compartida. Realiza cuatro preguntas para promover el diálogo y abrir las narrativas. El facilitador actúa como educador, explicando los diferentes puntos de vista de las partes involucradas a través de las teorías éticas.

Preguntas del método CARE (2006)

---

1) ¿Cuáles son las creencias fundamentales del profesional y cómo se relaciona él con la situación actual? (*consideraciones*)
2) ¿Cómo actuó el profesional cuando se enfrentó a una situación semejante en el pasado? (*acciones*)
3) ¿Cuál es la opinión de los demás sobre situaciones semejantes? (*razones*)
4) ¿Cuál fue la experiencia de otros profesionales cuando se enfrentaron a situaciones semejantes? (*experiencias*)

Equilibrio reflexivo: pragmatismo y bioética empírica

¿Qué es el equilibrio reflexivo?

Se ha expuesto que hay quienes deciden buscando principios morales sólidos (éticas sustantivas) y también quienes consideran

---

171 Abma TA, Widdershoven GA. *Moral Deliberation in Psychiatric Nursing Practice*. Nurs Ethics. 2006; 13 (5): 546-557.

que estos no existen. Que debemos decidir en función de la diversidad de valores, sentimientos y preferencias, porque los principios son una mera abstracción de la realidad y dependen de quién los formule. Esta posición, el subjetivismo igualitario, abre la puerta al relativismo. S. Toulmin postuló el establecimiento de procedimientos racionales de decisión, que no caigan en el dogmatismo de las éticas sustantivas ni en el relativismo subjetivista. Estos procedimientos se han explicado al exponer las teorías y guías de decisión, específicamente al desarrollar la deliberación. El equilibrio reflexivo es otro procedimiento, diferente a la deliberación, que intenta esquivar el dogmatismo. Próximo a las éticas descriptivas, tiene el riesgo de aproximarse al relativismo.

¿Qué es el equilibrio reflexivo? Si bien ya se había hablado de un equilibrio justificador, el término *equilibrio reflexivo* fue acuñado por John Rawls en su *Teoría de la justicia*.[172] El equilibrio reflexivo es un proceso de ajuste dinámico entre nuestro conjunto de creencias generales —en el caso de John Rawls, los principios de justicia— y los juicios sobre los casos particulares. Pretende establecer un orden (equilibrio) social realista y estable. No obstante, dicho orden es provisional, porque las normas y realidad son dinámicas. El objetivo del equilibrio reflexivo es lograr coherencia entre las dos esferas nombradas, de una parte, los principios y creencias, y, de otra, los juicios sobre las situaciones particulares. Hay que equilibrar las creencias, valores y principios que fundamentan la moral con los detalles concretos de los problemas a los que nos enfrentamos. El equilibrio reflexivo busca la coherencia del sistema, de la realidad donde acontecen los problemas.

Como en la deliberación, en el equilibrio reflexivo se reúnen los factores relevantes en la decisión. Sin embargo, se estiman

---

172   Rawls J. *Teoría de la Justicia*. Cambridge, Mass: The Belknap Press of Harvard University Press; 2006. 55-59.

de otra forma, porque no se busca la «mejor decisión» para los participantes, sino el mejor equilibrio para el sistema (la sociedad, la realidad problemática). El equilibrio reflexivo trata de reducir la subjetividad de los observadores o participantes, sus prioridades y valores. Intenta dotar de cierta «objetividad» la formulación de juicios morales y el proceso de toma de decisiones. Cuando se delibera, dado que se busca «lo mejor» (lo bueno), es posible que alguno de los factores —hechos y circunstancias, valores/bienes, consecuencias— sea considerado como más importante por los participantes, lo que condiciona la decisión final. La subjetividad (su idea de «lo bueno») de los que deliberan, sus valores/prioridades, experiencias y emociones, forma parte de la deliberación. Los participantes condicionan los juicios y las decisiones. En el equilibrio reflexivo se intenta evitar que sea así. Se realiza una investigación empírica neutra y posteriormente se encuentra el mejor equilibrio provisional, el cual no tiene por qué coincidir con, a juicio de los participantes, la mejor decisión.

Bioética empírica

El equilibrio reflexivo se ha aplicado a la bioética en el contexto de la bioética empírica, que está más enfocada a la investigación que a las decisiones cotidianas. La bioética empírica es una propuesta de investigación pragmática de los problemas bioéticos. Aunque su metodología se podría adaptar a la resolución de los conflictos morales del día a día, por ejemplo, en el contexto de un comité de ética, al tratarse de un procedimiento tan riguroso probablemente no sea operativo.

La bioética empírica es deudora del pragmatismo moral. Para el pragmatismo las decisiones y normas deben fundarse en investigaciones neutras de la realidad; en los hechos y en las consecuencias previsibles de las posibles acciones. El investigador del problema no debe intervenir en la recopilación de datos. Es un agente del pragmatismo y sus funciones son: realizar preguntas, identificar y, después, equilibrar las preocupaciones, intereses y prioridades que operan en el problema. Por último, tiene que sugerir un «arreglo» coherente temporal, hasta que se vuelva redundante o surja algo mejor. El equilibrio reflexivo tiene un enfoque pragmático, porque no importa tanto el punto de vista particular del observador, sino el mejor resultado (equilibrio) para el conjunto de la realidad. Para encontrarlo, hay que realizar una valoración fría y objetiva de los factores en juego.

El fundamento metodológico de la bioética empírica es el siguiente:

1) *Dejar a un lado el pensamiento abstracto.* Se rechazan las posiciones de «arriba abajo», que dan prioridad a teorías y principios abstractos.
2) *Detectar un problema en la realidad.*
3) *Escepticismo epistemológico.* Se realiza una *epojé* epistémica, que descubre los factores implicados. Aunque es imposible, el investigador debe procurar suspender los presupuestos, dejar a un lado los prejuicios y compromisos disciplinarios o ideológicos. No obstante, iniciar cualquier tipo de investigación en bioética sin supuestos previos es imposible. Es necesario contar con un marco inicial para comenzar a dar sentido a lo que se encuentra, lo que puede generar un círculo vicioso, ya que no sabemos de qué manera contamos con ese marco inicial, si como descripción, como prescripción o, al contrario, como lo que no debe ser.
4) *Equilibrio reflexivo.* No debe haber intervención en la recopilación de los datos cualitativos ni cuantitativos. Se busca la coherencia general —el equilibrio— del sistema donde opera el problema, que no tiene por qué coincidir con la «mejor decisión moral». Para encontrar un equilibrio que sea coherente para el conjunto del sistema (de la realidad), se consideran en igualdad todos los datos y factores

implicados.[173] Los aspectos teóricos y los datos reciben el mismo peso, entrando en equilibrio: cuestiones teóricas (teorías morales, valores, principios, normas), aspectos relevantes, preocupaciones y puntos de vista de las partes, necesidades, intereses y prioridades (públicas o privadas).

5) *Falibilidad.* Al final del proceso, se alcanza un compromiso pragmático provisional.

Características del equilibrio reflexivo

Igualitarismo

El equilibrio tiene un único «dogma»: el igualitarismo. No tiene que haber posiciones ni creencias privilegiadas. Las teorías éticas, preocupaciones y puntos de vista de las partes, necesidades y prioridades públicas, todo ello se considera en un proceso de equilibrio justificable.

Coherentismo

La justificación del equilibrio reflexivo se realiza a través de la coherencia lógica del conjunto, que se produce cuando cada componente refuerza y es reforzado por todas las creencias de su conjunto. Por el apoyo mutuo y la coherencia de los factores en juego. Estaría justificado creer en X (como el mejor curso de acción, la mejor decisión) si se logra coherencia entre X y el resto de las factores-creencias. Alcanzar la coherencia perfecta es imposible. El mundo está desordenado y los problemas son dinámicos y están desordenados, por lo que sus soluciones son, necesariamente, provisionales y desordenadas. La coherencia general del sistema a veces puede lograrse

---

173   Arras JD. *The Way We Reason Now: Reflective Equilibrium in Bioethics.* En: The Oxford Handbook of Bioethics, Steinbock B (editor). King's Lynn: Oxford University Press; 2006. 48.

aceptando alguna incoherencia desordenada en una parte del sistema, y este puede ser uno de los compromisos que se deben hacer.

El coherentismo igualitario radical, sin un «ancla fundamentadora», sin valores ni principios morales prioritarios (sin una idea de *lo bueno*), es problemático. Por este motivo algunos autores han intentado dotar al equilibrio reflexivo de una fundamentación moral. Carson Strong[174] defiende una teoría de la coherencia en la que algunos principios sean privilegiados sobre otros. Existirían unas *proposiciones básicas* que forman el fundamento al que todos los demás juicios (o decisiones) morales deben unirse para ser justificados. La justificación de la coherencia general derivaría de la «autoridad moral» de dichos principios fundamentales, asentados en la moralidad común. Según este «deontologismo coherente», las proposiciones morales se justifican, cuando: 1) algunas proposiciones morales (básicas) tienen una justificación que no depende únicamente de su coherencia con otras proposiciones; 2) dichos principios o proposiciones básicas son revisables; 3) otras proposiciones morales se justifican dependiendo de la satisfacción de un tipo de coherencia con las básicas.

Falabilismo

Nuestro conjunto de creencias es provisional, por lo que el equilibrio encontrado requerirá futuras modificaciones. Los cambios en el equilibrio actual pueden suceder en cualquier momento.

El falabilismo no es un defecto, sino una parte esencial del equilibrio reflexivo[175]. Así lo explica Hilary Putnam: [176] si un filósofo puede contribuir a la resolución razonada de algunos de los pro-

---

174 Strong C. *Theoretical and Practical Problems with Wide Reflective Equilibrium in Bioethics*. Theor Med Bioeth. 2010; 31:123-140.

175 Dancy J. *Introduction to Contemporary Epistemology*. Padstow: Blackwell; 1991. 118.

176 Putnam H. *Ethics Without Ontology*. Cambridge: Harvard University Press, 2005. 31.

blemas de su tiempo, no es un pequeño logro, y que algunas de sus suposiciones en el futuro, sin duda, tendrán que ser matizadas o incluso rechazadas, es de esperar. Nuestra tarea como filósofos no es lograr la «inmortalidad», sino el mejor equilibrio provisional.

Bioética reflexiva

La bioética reflexiva, descrita por Jonathan Ives, es una propuesta pragmática que utiliza como método el equilibrio reflexivo, buscando una fundamentación que denomina *cuasi-moral*.[177] Trata de fundamentar la bioética empírica con un «ancla justificativa» que permita construir la reflexión bioética. Se coloca a medio camino entre el equidistante equilibrio reflexivo (el igualitarismo extremo) y la fundamentación de Carson Strong, basada en el escurridizo concepto de *moral común*. J. Ives obtiene la fundamentación en Willard Van O. Quine. En *Dos dogmas del empirismo*,[178] W. V. Quine explica que nuestro sistema de conocimientos es un círculo en expansión, con creencias y teorías profundamente arraigadas (principios frontera, que son estables y se sitúan en el centro) y otras más nuevas (juicios de segundo orden, menos estables y situados en la periferia).[179]

---

177 Ives J. A. *Method of Reflexive Balancing in a Pragmatic, Interdisciplinary and Reflexive Bioethics*. Bioethics. 2014 jul.;28(6):302-312.

178 Quine WV. *Two Dogmas of Empiricism*. The Philosophical Review. 1951;60(1):20-43,39-40.

179 NOTA DEL AUTOR. Willard van O. Quine propone un holismo epistemológico (diluyendo la distinción entre sintético y analítico) con base en pruebas y experiencias sólidas. Ni siquiera las proposiciones analíticas (matemáticas o lógicas) son fundamentales, porque para usarlas debemos justificar que son coherentes con nuestro sistema general de creencias. Nuestro sistema de creencias y conocimientos es un círculo en expansión, con creencias y teorías profundamente arraigadas (estables y en el centro) y otras más nuevas (menos estables, en la periferia). Las teorías y creencias en el centro están relativamente aisladas del desafío, porque han demostrado una gran capacidad de recuperación y utilidad, pero pueden revisarse si se produce un cambio suficiente en otras partes del sistema que lo haga necesario. Cuando aparece una

J. Ives propone principios epistémicamente privilegiados, cuya justificación no depende solo de la coherencia. Los denomina *principios de frontera*. Serían similares a las *proposiciones básicas* de C. Strong. Habría otros principios cuya justificación depende de la coherencia con los principios de frontera, denominándolos *juicios de segundo orden*, siendo parecidos a las «otras proposiciones» de C. Strong. Los principios de frontera —en W. V. Quine situados en el centro— son posturas necesarias para el propósito de la investigación ética. Su justificación no está en ninguna moralidad (tampoco en la moralidad común), ni en que sean analíticamente verdaderos o verificables, sino en la teleología de la investigación ética. Se postulan como verdaderos con el propósito de proporcionar un punto de partida para la investigación moral. Después deben ser justificados por coherencia cuando la investigación esté en marcha. Son posturas necesarias para el propósito de la investigación ética. Son útiles y relativamente estables, mientras que los juicios de segundo orden son más nuevos, menos estables y están más sujetos a revisión o rechazo.

J. Ives da privilegio epistémico a los principios frontera, porque su justificación no depende solo de la coherencia, mientras que la de los juicios de segundo orden dependen de su coherencia con los principios frontera. Estos son relativamente inmunes a los nuevos desafíos, porque han demostrado utilidad y capacidad de adaptación, pero pueden revisarse si lo hace necesario un cambio significativo en otras partes del sistema. Cuando aparece una experiencia nueva y se forma una creencia en la periferia, esta tiene que unirse al resto del sistema. Si no puede, se rechaza o se realiza algún cambio en otro lugar del sistema para acomodarla. Es decir, se pueden generar nuevas hipótesis (nuevos equilibrios reflexivos) si los principios frontera actualmente coherentes entran en tensión

nueva experiencia y se forma una nueva creencia en la periferia, esta nueva adición tiene que unirse al resto del sistema y, si no se puede unir, se rechaza o se realiza algún cambio en otro lugar del sistema para acomodarla.

con las nuevas experiencias, porque aparecen: perspectivas y teorías alternativas, datos desconcertantes recurrentes, nuevas prácticas, replanteamiento de prácticas antiguas, nuevas tecnologías, etc., que cuestionan lo establecido. Si es así, se formula una nueva hipótesis y en cada confrontación se intenta encontrar coherencia con los principios frontera para aceptar o rechazar una nueva adición, justificada por su coherencia general.

El proceso de la bioética reflexiva, acorde con la bioética empírica, se puede presentar en tres etapas:

1) *Identificación de un problema moral.* A partir de consideraciones teóricas, de la experiencia práctica, por la literatura empírica o debido a una mezcla de los tres.

2) *Investigación rigurosa naíf sobre el problema.* Recopilación de datos (experiencia previa), consulta de literatura de ciencias sociales y filosófica, casos legales, normativa, políticas, etc., con el objetivo de descubrir y explorar, desde las diferentes perspectivas, todos los valores que operan en el problema. Esta etapa debe emprenderse de manera reflexiva, desde una posición de *epojé* metódica, con la voluntad de cuestionar (y rechazar si es necesario) nuestras creencias, teorías y compromisos existentes. El objetivo de esta etapa es:

   1) Comprender el problema (encontrar evidencias): entender el contexto micro y macro del problema, la forma como las partes interesadas (definidas en términos generales) lo construyen, viven y experimentan, para descubrir qué experiencias sólidas deben considerarse.

   2) Identificar los principios frontera: encontrar algunas proposiciones de valores básicos que puedan actuar como principios frontera (cuasifundacionales). No son principios generales, sino para el problema concreto. Se identifican a través de una investigación empírica robusta y reflexiva, que deja al descubierto la naturaleza del

problema desde la perspectiva de las partes interesadas. Se identifican los valores primordiales que informan el pensamiento de las partes y que especifican las consideraciones claves. Los principios de frontera se postulan como hipótesis de trabajo para comenzar la indagación. Plantearlos es similar a realizar una hipótesis nula en el análisis estadístico: se tratan como hipótesis verdadera para hacer posibles ciertos cálculos estadísticos, pero no tienen un estado epistémico independiente. La hipótesis nula se plantea para hacer posible el cálculo y después se acepta o rechaza según los cálculos obtenidos. Los principios de frontera actúan como hipótesis nula sobre la moralidad, se tratan como si fueran verdaderos y estuvieran justificados para iniciar una investigación, pero después deben concordar con todo el sistema (creencias, valores, etc.) para que se consideren justificados.

3) Desarrollar las preguntas de investigación, la metodología y aplicarla: elaboración de las preguntas de investigación (empíricas o no), examen reflexivo de qué herramientas son las más adecuadas para responder a esas preguntas y aplicación rigurosa de las herramientas.

3) *Generar nuevas hipótesis* (nuevos equilibrios reflexivos). Esta etapa es la más difícil. Cuando el equilibrio actual, los principios de frontera identificados, es desafiado con experiencias sólidas (perspectivas y teorías alternativas, datos desconcertantes recurrentes, nuevas prácticas, replanteamiento de prácticas antiguas, aparición de nuevas tecnologías), se produce una tensión. Al entrar en tensión los principios de frontera actualmente coherentes con nuevas experiencias sólidas, se formula una hipótesis. Se trata de reconciliar las tensiones que aparecen. En cada confrontación debe hacerse un intento por encontrar coherencia con los principios de frontera para aceptar o rechazar una nueva adición al sistema,

que se justifica en términos de su coherencia general. Este proceso continuará hasta que se haya alcanzado una posición coherente. La experiencia sólida nos sugiere que debemos X, pero nuestros compromisos morales actuales sugieren que no debemos X. La resolución inicial del problema requiere que determinemos si la obligación de X está confirmada empíricamente y, si es así, si es incompatible con los compromisos morales existentes. Este proceso continúa en un procedimiento de equilibrio reflexivo hasta que se haya alcanzado una posición coherente que reconcilie las tensiones que se han creado en el sistema. Las nuevas confrontaciones con las experiencias sólidas pueden requerir que modifiquemos o rechacemos las creencias y compromisos morales existentes, que los principios de frontera sean rechazados, revisados o detallados. Por tanto, para resolver el problema se debe tomar una decisión que obligará a:

1) Rechazar uno o más de los principios de frontera en tensión.
2) Desarrollar nuevas formas de entender uno o más de los principios de frontera en tensión para acomodar la experiencia sólida.
3) Rechazar la experiencia aparentemente sólida.
4) Desarrollar formas de entender la experiencia sólida que la hagan coherente con los principios de frontera existentes.

Problemas del equilibrio reflexivo

Para John Arras,[180] el equilibrio reflexivo es demasiado igualitario y exhaustivo. Además, el concepto de coherencia es oscuro.

---

180 Arras JD. *The Way We Reason Now: Reflective Equilibrium in Bioethics*. En: The Oxford Handbook of Bioethics, Steinbock B (editor). King's Lynn: Oxford University Press; 2006. 59.

El proceso de identificar los principios frontera, después realizar el equilibrio reflexivo y buscar la coherencia del sistema puede resultar excesivamente complejo. La tarea de considerar todos los factores sin jerarquías, dando a cada uno el mismo peso al entrar en el equilibrio, y después proporcionar razones para aceptarlos o rechazarlos, es enorme. Ciertamente, el equilibrio reflexivo resulta engorroso a nivel práctico —no está primordialmente orientado a las decisiones cotidiana—, pero cuando se aplica en investigación conserva su potencia para la reflexión moral.

Respecto al concepto de coherencia, no hay criterios para establecer qué parte del equilibrio en desarrollo debe cambiarse para alcanzar la coherencia y es difícil saber cuándo se ha alcanzado la coherencia. Es un concepto oscuro, indeterminado. Dados dos conjuntos cualesquiera de juicios y principios coincidentes, podría haber innumerables equilibrios reflexivos, correspondientes a diferentes elecciones de quitar y poner. La coherencia puede dirigirse a eliminar un juicio o un principio, pero no se sabe cuál debe ser sacrificado. Esto conlleva el riesgo de que se produzcan nuevos equilibrios arbitrarios, que pueden ser una sistematización de los caprichos y prejuicios del pensador. A menos que exista un fundamento epistémicamente privilegiado al que todo lo demás tenga que unirse o subordinarse, es difícil determinar cómo se logra la coherencia o cuándo es satisfactoria.

Por último, hay que incidir en que la bioética empírica y el equilibrio reflexivo son propuestas sobre todo para la investigación de problemas bioéticos. Tanto lo rigurosa que es su metodología como, sobre todo, la equidistancia en la toma de decisiones —la supuesta neutralidad u objetividad— suponen un hándicap al aplicarla en bioética clínica. Porque en las decisiones bioéticas los participantes no son neutros. Sus prioridades, su idea de *lo bueno*, son determinantes en las decisiones, a pesar de que estas no consigan el mejor «equilibrio» para el sistema (para la realidad problemática). Con la deliberación no se persigue el equilibrio del sistema, sino la mejor decisión para los participantes.

Práctica. Bioética asistencial

PROBLEMAS ÉTICOS EN LA PRÁCTICA CLÍNICA

La valoración de un problema ético comienza con su identificación. Es preciso conocer cómo son los problemas éticos en la práctica asistencial (estructura y tipología) y de qué manera se pueden reconocer.

Estructura de los conflictos en bioética clínica

La función de la medicina es el cuidado de la salud, que no es lo mismo que el cuidado o la protección de la vida. Hay profesiones que sí tienen como objetivo la protección de la vida de los ciudadanos, por ejemplo, las fuerzas armadas. Que el objetivo de la medicina es el cuidado de la salud resulta evidente desde sus inicios. En el IV a. C., Platón señala en la *República* que la medicina tiene una utilidad particular: la salud. Y su discípulo Aristóteles en la Ética a Nicómaco afirma que «la salud es el fin de la medicina».

La cuestión es que, además de que resulta imposible consensuar qué es la salud,[181] muchas veces esta es inalcanzable. No siem-

---

181   NOTA DEL AUTOR. Existen numerosas definiciones de salud, ninguna perfecta. Las definiciones incluyen, además de la escurridiza idea de normalidad (funcional, morfológica, estadística), el equilibrio orgánico y la

pre se puede restituir por completo la salud, alcanzar la curación. En estos casos, su cuidado es más precario. En ocasiones apenas se puede aliviar el sufrimiento que acompaña a la enfermedad. Hacerlo es el mayor estado de salud que se puede alcanzar, por ejemplo, con algunos enfermos terminales. Ya en el siglo XVI Francis Bacon señalaba que los objetivos de la medicina debían incluir, además de la restauración de la salud, el alivio del sufrimiento. No se debía abandonar una enfermedad, aunque fuera incurable.[182] En el siglo XIX el francés Adolphe Gubler, discípulo de Claude Bernard, estableció el popular aforismo: «Curar pocas veces, aliviar a menudo, consolar siempre». La salud, que es el objetivo de la medicina, se puede conseguir algunas veces con la curación, pero, junto a ella, están, de acuerdo con el informe de

---

capacidad de adaptación. En El estado oculto de la salud (2001), Hans-Georg Gadamer explica que la salud es «el olvido de uno mismo», lo cual incide en su vivencia, en su aspecto subjetivo. Para H. G. Gadamer es una realidad oculta que solo se percibe cuando se pierde. Es «el ritmo de la vida, un proceso continuo en el cual el equilibrio se estabiliza una y otra vez». La salud, por tanto, va de la mano del equilibrio, de la adaptación y de una adecuada función, siendo además trascendental su vivencia.

La definición que ha tenido más éxito es la de la Organización Mundial de la Salud: «Perfecto estado de bienestar físico, mental y social». Esta definición tiene como virtud incluir lo mental y lo social. Pero trasciende a la salud. Define, más bien, la plenitud vital o felicidad. Subjetiviza (como bienestar) la salud, eliminando el criterio médico, la existencia de un posible criterio objetivo. Es un concepto excesivamente amplio que no sirve para diferenciar al enfermo del sano. Bajo él, todos estamos enfermos, porque: ¿quién posee un perfecto bienestar físico, mental y social? Otras definiciones de salud llegan a identificarla con la realización personal. La salud no es la realización personal ni el bienestar social, por mucho que las facetas mentales y sociales influyan en la salud. Identificar salud con felicidad lleva a pensar que la medicina puede traer la felicidad, lo que conduce a la frustración de profesionales y enfermos. Para definir la salud y la enfermedad, hay reconocer la imposibilidad de precisar con exactitud qué son y cuáles son sus límites. Existe una dialéctica continua entre ambas que imposibilita demarcarlas con precisión. Se da una graduación entre ellas, tanto en lo orgánico como en su vivencia (el malestar y bienestar).

182 Boss J. *The Medical Philosophy of Francis Bacon* (1561-1626). Med Hypotheses. 1978 may.-jun.;4 (3): 208-220.

The Hastings Center:[183] el alivio y la paliación; los cuidados y el acompañamiento; la prevención de la enfermedad y de las secuelas. Todo ello ayuda a lograr la salud o, al menos, nos aproxima a ella.

La confusión respecto al objetivo de la medicina proviene de que la salud se produce *en* la vida. La vida es un presupuesto necesario para la salud. Pero no es el fin intrínseco de la medicina. El daño a la salud puede implicar un riesgo para la vida —como la salud, un bien/valor muy preciado— por lo que al cuidar la salud también se cuida y protege la vida. Sin embargo, no es siempre así. No sucede, por ejemplo, con la medicina preventiva, en medicina estética o en muchos casos en psiquiatría. En dichas prácticas médicas la vida no está en riesgo y la medicina cuida igualmente la salud.

En medicina, pues, se gestionan dos valores primordiales: directamente la salud (es su fin) y en muchas ocasiones indirectamente la vida (al gestionar la salud). Los sanitarios trabajan cotidianamente con estos valores, ambos nucleares para el ser humano. La vida es valiosa para todos porque es el asiento de toda posibilidad. Es el sustrato que permite que otros valores aparezcan. En cuanto a la salud, que podría entenderse como el buen funcionamiento de la vida, para muchos es, si no el valor prioritario, al menos, uno de ellos. Existe una dialéctica continua entre la vida (el sustrato) y la salud (su adecuado ajuste). Son dos bienes inseparables, porque para que haya salud tiene que haber vida y esta se aprecia —más o menos, mejor o peor— en función del estado de salud. Si, por ejemplo, la salud pone en riesgo la vida o merma su calidad, esta se considera de otra manera.

---

183   The Hastings Center. *The goals of medicine. Setting new priorities*. Hastings Cent Rep. 1996 Nov-Dec;26(6):S1-27.

Estos dos valores tan preciados no son absolutos. Ningún valor lo es. Siempre hay situaciones concretas en las que otros valores resultarán más prioritarios. Cuántos han sacrificado su salud y hasta la vida por determinados ideales y valores. Los conflictos éticos son conflictos entre bienes/valores. Los valores vida y salud pueden colisionar entre ellos, por ejemplo, si se tiene que elegir entre vivir más tiempo, o menos pero con más salud. Y, sobre todo, colisionan con otros valores, como la distribución equitativa de recursos, la libertad decisoria o el conocimiento científico. Los problemas morales que aparecen en medicina traducen este tipo de conflictos.

Tipos de problemas en bioética clínica

En función del principal vector o actor del problema, los conflictos en bioética clínica se pueden clasificar en problemas relacionados con:

1) El *sujeto cuidado*, porque son decisiones que le incumben directamente.
2) El *profesional sanitario*.
3) La *sociedad o comunidad*, porque el cuidado de la salud se contextualiza socialmente y son conflictos que se producen en dicho contexto.
4) La *biotecnología*, la cual impacta directamente en la relación de cuidado.

Tabla. Problemas en bioética clínica

Principal vector	Grupo de problemas	Principal origen de los problemas
Sujeto cuidado	Relación clínica	De qué manera se puede respetar el proyecto de vida del enfermo y/o de quien tiene que decidir por él.

Sujeto cuidado	Inicio de la vida	En qué momento tras la concepción de la vida humana se conforma un ser humano y cuándo aparece la vida personal (la persona).
	Final de la vida	Hasta cuándo y cómo se debe prolongar la vida biológica.
Profesional sanitario	Relación entre profesionales	Qué hacer cuando se discrepa de los compañeros.
	Ética profesional	Cuando los valores del profesional colisionan con las normas de la profesión.
Sociedad	Problemas comunitarios	Distribución adecuada de los recursos en la sociedad o en una comunidad.
Biotecnología	Problemas por la biotecnología	Que la tecnología desvíe a la medicina de su principal objetivo o que vulnere los valores asociados al cuidado.

Relacionados con el sujeto cuidado

Problemas en la relación clínica

Estos problemas se producen durante la relación de cuidado entre el sanitario y el paciente, pero también se pueden producir con su familia o allegados. Muchos problemas se producen al gestionar la información (por ejemplo, si hay que decir la verdad) y al pedir permiso al paciente, es decir, con el consentimiento informado. También es posible que las diferentes partes no estén de acuerdo acerca de cuál es la mejor decisión. El ejemplo más notorio es el rechazo a los procedimientos médicos, donde un paciente no acepta un tratamiento que para el clínico es óptimo. Pero hay muchas más situaciones, como las decisiones contrarias al criterio del profesional por razones culturales. En la relación clínica también aparecen problemas relacionados con la confidencialidad y con el secreto profesional, como sucede en determinados casos de consejo genético. Todos estos problemas se acrecientan si los pacientes tienen la capacidad decisoria alterada. Cuando esto sucede, hay que tomar decisiones por sustitución.

Tabla. Problemas en la relación clínica

Problema	Origen del conflicto ético
Decir la verdad	En qué circunstancias está justificado mentir a un enfermo.
Consentimiento informado	Cuando podemos actuar sin informar o sin contar con el permiso del enfermo.
Rechazo a procedimientos, diagnósticos o terapéuticos	Cómo actuar si el paciente no acepta lo más beneficioso clínicamente para él.
Desacuerdo con una decisión del paciente	Qué hacer cuando el paciente toma una decisión que le puede perjudicar.
Secreto profesional	En qué circunstancias es correcto romper el secreto y desvelar información confidencial del paciente.
Intimidad y confidencialidad	Los pacientes: ¿son propietarios de todos sus datos de salud?, ¿deben decidir ellos qué hacer con los datos sanitarios?
Capacidad decisoria (competencia)	Qué decisiones debe tomar un menor, alguien con discapacidad mental o con la capacidad decisoria alterada.
Decisiones por sustitución	Quién debe decidir por los pacientes que no pueden hacerlo (menores, discapacitados), buscando su mejor interés.

Problemas en el inicio de la vida

En el inicio de la vida, el principal problema moral deriva de la dificultad para determinar qué valor tiene la vida humana en sus primeras etapas. Es decir, en qué momento —en la concepción, en la fase preembrionaria, en la embrionaria o en qué etapa fetal— se considera que la vida humana ha constituido un ser humano y cuándo dicho ser humano alcanza la vida personal, momento en el cual debería ser considerado una persona. La vida humana tiene valor desde su comienzo, pero la progresividad de su desarrollo intrauterino conlleva para muchos una progresividad en su consideración moral, en el valor que posee como ser vivo. En función de qué *es* la vida humana en cada etapa, se le atribuirá un determinado valor, protección y derechos. Aunque también hay posturas esencialistas, que defienden que desde la concepción está presente la vida personal y, por tanto, que esta no se puede vulnerar bajo ningún pretexto.

De lo expuesto derivan casi todos los problemas en el inicio de la vida, porque cuando el valor de la vida humana colisiona con otros valores, como la autonomía de los padres, el bien común o el avance de la ciencia, hay que decidir qué prevalece. Y prevalecerá aquello que se considere más valioso. Algunos problemas son: la licitud de los métodos anticonceptivos; los diferentes procedimientos de reproducción artificial, añadiéndose en estos procedimientos la cuestión acerca de qué se debe hacer con los embriones sobrantes de la reproducción (si, por ejemplo, investigar, destruirlos o donarlos); el diagnóstico en embriones antes de implantarlos para evitar y/o tratar enfermedades a través de la edición genética; el mejoramiento humano, seleccionando y/o modificando genes embrionarios; el diagnóstico prenatal tras la implantación, con la finalidad de detectar alteraciones que puedan llevar a interrumpir el embarazo; la interrupción del embarazo, en qué situaciones podría ser lícita y hasta qué momento; el uso de células madre, bien de adultos, de cordón umbilical, de embriones o de fetos abortados; la clonación humana, que puede ser terapéutica (copia de una célula adulta para tratar una enfermedad) y también reproductiva (copia de una célula embrionaria para generar un ser humano).

Tabla. Problemas en el inicio de la vida

Problema	Origen del conflicto ético
Anticoncepción, incluida la esterilización	Licitud de evitar, tanto de forma voluntaria como involuntaria (en discapacidades mentales), la concepción de la vida humana.
Reproducción humana artificial	Si es correcto crear *in vitro* embriones y qué hacer con los embriones que sobran de la reproducción artificial.
Diagnóstico preimplantacional	Selección y/o tratamiento (mediante edición genética) de embriones antes de implantarlos para evitar enfermedades.
Mejoramiento embrionario	Selección y/o tratamiento (mediante edición genética) de embriones antes de implantarlos para que sean «mejores».
Diagnóstico prenatal	Diagnóstico tras la implantación (genético, por imagen) de alteraciones en el embrión para interrumpir el embarazo.
Interrupción del embarazo	En qué situaciones es adecuado poner fin a una vida humana intrauterina.
Uso de células madre	Extracción de células madre para investigar y/o usarlas en procedimientos terapéuticos.
Clonación humana	Si es permisible realizar una copia genética de una célula humana, bien con fines terapéuticos o reproductivos.

Problemas en el final de la vida

En la etapa final de la vida, queda menos cantidad de vida y su calidad muchas veces también es menor. Tenemos menos tiempo y este, con frecuencia, es más penoso. En estas circunstancias, cuidar la salud pasa sobre todo por añadir calidad (bienestar, confort) al tiempo de vida restante, no tanto por añadir tiempo a costa de un mayor sufrimiento. En esta etapa la medicina se ocupa igualmente del cuidado de la salud, solo que, al no ser posible la restitución completa de la salud (la curación), hay que buscar la mayor salud en términos de calidad de vida. Se modifica el enfoque de cuidado, poniendo más énfasis en el confort y en la calidad de vida. Valores como el bienestar y la autonomía pueden ser más prioritarios que la preservación de la vida biológica.

En esta etapa, la primera medida que se toma es limitar los tratamientos y las pruebas que no vayan a producir beneficio para la salud del paciente. Esto se hace bien retirándolos o no iniciándolos. Lo contrario a la «limitación de los esfuerzos terapéuticos» es la obstinación profesional, es decir, poner medidas desproporcionadas (que producen más daño que beneficio) en pacientes en la última etapa de la vida. Una de las medidas más difíciles de liminar es retirar (o no iniciar) la alimentación artificial en pacientes con alteración cognitiva y disfagia severa, como las demencias avanzadas o los estados vegetativos. En muchos pacientes en la etapa final de la vida, no es suficiente con limitar las medidas desproporcionadas y fútiles para alcanzar la mayor salud (su confort), por lo que se debe iniciar tratamiento paliativo. En ocasiones, en los pacientes terminales hay síntomas refractarios, que les producen un sufrimiento permanente que no responde al tratamiento paliativo. En estos casos, la única opción para que no sufran es sedarlos. En la sedación paliativa se usan fármacos que deprimen el centro neurológico de la respiración (benzodiacepinas, neurolépticos, opioides mayores), lo cual puede acortarles la vida, entrando en conflicto la permanencia de la vida biológica con el confort. En esta etapa, hay personas que no quieren seguir viviendo. Consideran que su proyecto vital se ha agotado y no quieren vivir en su estado actual. Aquí aparece el problema de la eutanasia (si solicitan que un profesional sanitario ponga fin a su vida) y del suicidio asistido (si es el paciente quien toma el fármaco letal). Por último, puede haber conflictos en la aplicación del testamento vital y con la planificación de las decisiones sanitarias.

Tabla. Problemas en el final de la vida

Problema	Origen del conflicto ético
Limitación de los esfuerzos diagnósticos y terapéuticos[184]	En qué momento detener la tecnología médica, por resultar perjudicial a pacientes en la etapa final de su vida.
Obstinación profesional	Intento del profesional de prolongar la vida biológica con medidas desproporcionadas y/o fútiles (sin claro beneficio).
Alimentación en pacientes incapaces con disfagia severa	Cómo determinar cuál es el mejor interés (el mayor beneficio) para el paciente, cuando ha dejado de comer de forma natural.
Sedación paliativa	Si se debe pautar medicación sedante en pacientes terminales para paliar síntomas refractarios, pudiendo acortarles la vida.
Eutanasia y suicidio asistido	Licitud de que una persona autónoma y gravemente enferma decida libremente poner fin a su vida.
Diagnóstico de muerte	Cuándo consideramos que una persona está muerta y, por tanto, que se puede desconectar el soporte vital y/o extraer los órganos.

---

184   NOTA DEL AUTOR. La limitación de medidas diagnóstico-terapéuticas (LMDT) consiste en no aplicar medidas desproporcionadas (con un balance inadecuado entre las cargas/daños y los beneficios) en pacientes en la etapa final de la vida. El término limitación del esfuerzo terapéutico (LET), aunque es el más reconocido en español, no es apropiado, porque las medidas limitadas abarcan procedimientos diagnósticos y terapéuticos. Por otra parte, hay que señalar que no se limita el esfuerzo, sino las medidas. Los esfuerzos de tratar y cuidar al paciente no cesan. Por estos motivos, es más apropiado el término limitación de medidas diagnóstico-terapéuticas. También se ha empleado el término adecuación en lugar de limitación. Este término es igualmente problemático, porque todos los tratamientos y medidas en medicina, también cuando se realiza el máximo esfuerzo terapéutico, deben ser adecuados, no solo cuando se limita un tratamiento o una prueba. En la LMDT realmente se limita (no se inicia o se retira) una medida, lo cual está justificado porque es lo más beneficioso para el enfermo. En la literatura médica en inglés, el término más empleado para la LMDT es withholding and/or withdrawing (life-sustaining treatment). Apenas se emplea limitation of therapeutic effort.

Testamento vital y planificación de las decisiones sanitarias	Decisiones por anticipado de pacientes que no son capaces para decidir, que entran en conflicto con valores como la salud, la vida biológica o la voluntad del representante.

Problemas originados por el profesional sanitario

Problemas en la relación entre profesionales

El profesional puede causar problemas éticos en su relación con otros profesionales, bien porque haya desacuerdos sobre cómo actuar con los enfermos o porque haya discrepancias con la jerarquía, lo cual puede ocasionarle estrés moral.[185] Un problema específico entre profesionales es cuando se detecta que un compañero no actúa de acuerdo con criterios de buena práctica clínica, ya sea por motivos económicos, por comodidad, por carencia de competencias profesionales o por otros motivos. Sobre todo, si denunciar esta situación puede perjudicar al compañero.

Tabla. Problemas con la relación entre profesionales

Problema	Origen del conflicto ético
Diferencia de criterios	Cómo actuar si no estamos de acuerdo con las decisiones de un compañero que afectan a la salud de otros.
Discrepancias con la jerarquía	Qué hacer si discrepamos de las pautas de nuestro superior jerárquico.

---

185 NOTA DEL AUTOR. En el estrés moral se produce un conflicto entre el debería y el tengo que. Según Andrew Jameton (1984), son situaciones donde uno sabe lo que es correcto hacer (debería), pero las restricciones institucionales, o de otro tipo, dificultan la realización del curso de acción deseado (tengo que). El profesional sabe qué debería hacer, pero existen condiciones externas (normas, jerarquía) que le impiden hacerlo, por lo que tiene que hacer otra cosa, lo cual le genera malestar (estrés). En el conflicto moral, se produce es una colisión entre bienes/valores y el profesional no sabe qué debería hacer.

| Mala praxis de compañeros | De qué manera procedemos si otro profesional no está actuando bajo criterios de buena práctica clínica. |

Problemas por la ética del profesional

Hay un grupo con conflictos que se deben a que los valores íntimos del profesional colisionan con las normas de su profesión o de la institución en la que trabaja. Puede haber discrepancias con las pautas propias de la institución. Por ejemplo, si no permiten realizar interrupciones del embarazo por causa médica y el profesional no está de acuerdo. Pero también que las normas generales (leyes, códigos profesionales) atenten los valores del profesional. Todo ello puede generar estrés moral al profesional. Si es así, tiene la posibilidad de realizar una *objeción de conciencia*. En algunos casos, las prioridades del profesional se alejan de los objetivos de su profesión (el cuidado de la salud), situando por delante, por ejemplo, el poder, el dinero o la fama. Cuando los bienes secundarios (poder, dinero o fama) se anteponen al bien primario de la profesión (el cuidado de la salud), se enturbia la práctica asistencial y se produce un *conflicto de intereses*. Finalmente, al profesional le pueden solicitar favores (adelantar a alguien en la lista de espera, pautar un tratamiento muy costoso y dudosamente indicado, etc.) que no forman parte de su tarea o que atentan contra la equidad del sistema sanitario.

Tabla. Problemas relacionados con la ética del profesional

Problema	Origen del conflicto ético
Discrepancia con una norma vinculante	Cómo actuar si discrepamos de pautas y/o normas obligatorias, bien de la institución o generales (leyes, códigos).

Objeción de conciencia	Riesgo de que un paciente se vea perjudicado por la objeción de conciencia de un profesional.
Conflictos de intereses	Que un factor externo (dinero, poder, fama) influya en las decisiones del profesional, desviándole del objetivo de su profesión.
Solicitud de favores	Qué hacer si alguien cercano al profesional le pide un favor que atenta contra valores como la equidad o el rigor científico.

Problemas originados en la sociedad

Problemas comunitarios

El contexto sociosanitario —los valores compartidos, el modelo de sistema sanitario, los recursos disponibles— afecta directamente a la asistencia sanitaria, porque condiciona el tipo de atención que se da; a quién y con qué prioridades. La propia organización del sistema sanitario es ya fuente de problemas morales. Detrás de los sistemas de salud hay valores como la eficiencia, la utilidad, la igualdad, la equidad o la libertad. En función de los valores priorizados, se diseñan los diferentes sistemas sanitarios. Todos ellos deberían proveer la mejor atención sanitaria posible a los potenciales usuarios. Pero no siempre es así. Una vez diseñado el sistema de salud, la siguiente cuestión es cómo se financia. Aquí la principal cuestión moral es determinar la forma más justa de financiarlo y hacerlo sostenible. Diseñado el sistema y su financiación, el tercer paso es determinar quién queda cubierto por el sistema (o, de otra manera, a quién no se atiende) y qué recursos se incluyen dentro de su cobertura. Dado que los recursos son limitados, para garantizar la sostenibilidad del sistema se restringen determinados recursos. Por ejemplo, tratamientos que son muy caros. Al tratar el problema del reparto de los recursos sanitarios, aparece el triaje, cómo se deben repartir aquellos recursos que son escasos. Esto sucede, por ejemplo, con los órganos para los trasplantes: quién tiene prioridad para recibirlos y por qué; qué criterios de distribución se emplean. Otros problemas éticos que aparecen en sociedad son los relacionadas con la salud pública. Qué limite se marca a la libertad individual cuando esta puede perjudicar a la comunidad. Es el caso de las infecciones que afectan al entorno del enfermo, por ejemplo una tuberculosis contagiosa, y del paciente que no quiere tratarse.

Tabla. Problemas comunitarios

Problema	Origen del conflicto ético
Organización del sistema sanitario	Cómo debe organizarse el sistema sanitario para dar la mejor atención a los usuarios.
Financiación del sistema sanitario	De qué manera se tiene que financiar el sistema sanitario para garantizar su calidad y sostenibilidad.
Cobertura del sistema sanitario	Quién debe ser atendido por el sistema sanitario y qué tipo de atención ha de recibir cada usuario.
Cartera de servicios	Qué recursos se incluyen (financian) por el sistema sanitario y cuáles los paga el paciente.
Triaje (distribución de recursos escasos y/o muy caros)	Cómo repartir (qué criterios usar) los recursos escasos y/o muy costosos, por ejemplo, los órganos para un trasplante.
Salud pública/riesgo a terceros	Cuando una decisión individual supone un problema para la salud pública o puede dañar a terceras personas.

Problemas originados por la biotecnología

Problemas biotecnológicos

La bioética apareció, en gran medida, a causa del poder y del impacto de la tecnología sobre la vida. La tecnología soluciona muchos problemas, pero también los causa. En ocasiones se utiliza, más que como un medio —un instrumento— para el cuidado de la salud, como un fin en sí mismo. Si es así, nos desviamos del uso apropiado de la tecnología sanitaria, que es colaborar en el cuidado de la salud. Existen problemas comunes a las nuevas tecnologías aplicadas a la medicina, como el consentimiento del acto, la equidad (existen barreras tecnológicas o riesgo de crear una «medicina de ricos»), el manejo de los datos confidenciales o su falta de validación científica, lo que pone en riesgo la calidad asistencial. Esto último sucede porque, en ocasiones, las tecnologías se usan simplemente porque son nuevas, sin que se haya demostrado su verdadera eficacia.

Además de los problemas descritos, algunas tecnologías están causando problemas morales específicos, entre otros: 1) La *inteligencia artificial y la robótica*, que pueden deshumanizar la medicina y provocar dilemas relacionados con la responsabilidad del acto sanitario; 2) El manejo de *datos masivos* (*big data*), por el riesgo de atentar a la confidencialidad de los datos y la equidad del sistema, porque tal vez solo se beneficien de ellos unos pocos; 3) La *telemedicina*, que puede deshumanizar la relación clínica; 4) El *mejoramiento humano*, donde convergen diversas tecnologías —IA, ingeniería genética (edición y terapia génica), bioinformática—, pudiendo atentar la igualdad entre los humanos y la sostenibilidad del sistema sanitario.

Tabla. Problemas originados por la biotecnología

Problema	Origen del conflicto ético
Problemas comunes	• Imperativo tecnológico: la tecnología es buena *per se*, aplicándose sin que haya validado científicamente. • Atentado a la equidad: brecha tecnológica, «medicina para ricos». • Consentimiento, del usuario y del profesional. • Privacidad/confidencialidad de los datos.

Inteligencia artificial	• Deshumanización por desplazamiento al sanitario. • Dudas acerca de la responsabilidad del acto, entre: profesional, usuario y desarrollador.
Big data	• Riesgo para la confidencialidad de datos.
Telemedicina	• Deshumanización.
Mejoramiento humano	• Ruptura de la igualdad entre humanos y del libre albedrío en las cualidades humanas.

CÓMO IDENTIFICAR UN PROBLEMA ÉTICO

El abordaje de un problema ético pasa primero por su reconocimiento. Tras ello, para iniciar el proceso de deliberación y aportar la mejor solución, hay que formularlo con claridad. Además, es preciso diferenciarlo de otro tipo de problemas que suceden en la práctica clínica, porque, junto a las cuestiones clínicas y éticas, puede haber también cuestiones sociales, culturales, profesionales o legales. Realizar un adecuado «diagnóstico diferencial», al igual que en la práctica clínica, es trascendental para la posterior toma de decisiones.

¿Qué es un problema ético? ¿Y un juicio ético?

La mayor parte de las decisiones que toman los profesionales sanitarios son clínicas. Ponen en práctica la técnica científica propia de la medicina. El mundo de la clínica es problemático, porque las decisiones con frecuencia no son claras. Existen distintas posibilidades y se desconoce cuál será la evolución de un paciente, por ejemplo, con una lesión pulmonar que ha sido tratada como una tuberculosis. Es imposible desprenderse de la incertidumbre inherente a la clínica. Por si fuera poco, muchas decisiones clínicas no pueden tomarse recurriendo exclusivamente a la técnica, porque existe, además de un problema técnico, un problema ético. Son las decisiones de ética clínica o, según de Mark Siegler, ético-clínicas. Estas decisiones rebasan los límites de la clínica. Añaden complejidad a la ya de por sí compleja tarea de tomar decisiones clínicas. Junto a la incertidumbre de la clínica, se añaden dudas éticas, que ensombrecen la práctica asistencial. ¿Qué decisión es correcta si el paciente de la tuberculosis no quiere tratarse? ¿Qué sucederá si le obligamos? ¿Y si le dejamos que haga lo que le dé la gana?

Problema tiene su origen en el término griego *próblēma*, que es la unión del prefijo *prá* («delante») y *blēma* («lance»). Sería arrojar o lanzar algo hacia adelante. Su significado, en griego y en latín, es «enigma», «tarea por hacer» o «tema de debate». Así ha llegado hasta nosotros: un *problema* es un enigma, una incógnita que tenemos que resolver. Una tarea por hacer —la tenemos por delante— que nos genera dudas. Si hubiera un único camino no habría problema. Los problemas se plantean cuando tenemos varias opciones, lo cual genera la duda. La *toma de decisiones* es el proceso de elección entre alternativas con la finalidad de resolver el problema. En ética, además de afrontar problemas, evaluamos la realidad: realizamos *juicios éticos*. Sucede cuando calificamos una acción como buena o mala; correcta o incorrecta. Con un juicio ético se tipifica moralmente una acción. Un juicio clínico (técnico) es «el paciente, con los resultados de microbiología, tiene una tuberculosos», mientras que un juicio ético sería «dejar que un niño fallezca por respetar su voluntad es indecente».

Dado que solo algunas decisiones y juicios son éticos, ¿cuáles lo son? ¿Qué hace que un problema (una decisión), o que un juicio, sean éticos? Que apunten hacia lo bueno o lo mejor; que haya bienes o valores morales en juego, los cuales, dado que son bienes, se deberían respetar o realizar. Los bienes/valores morales se pueden formular en abstracto (libertad de elección, privacidad o bienestar), pero en la vida real, en la práctica clínica, dejan de ser meras abstracciones y entran en conflicto. Como lo bueno se puede expresar de diferentes maneras, a través de distintos términos y fórmulas —virtud, principio, imperativo, norma, bien, valor—, los problemas morales pueden estar en relación con, por ejemplo, principios, imperativos o valores éticos.

Problema, conflicto y dilema

En los problemas morales se produce un conflicto —un choque— entre diferentes bienes morales y no se sabe qué se debe hacer. Conflicto proviene del latín *conflictus*, unión de *con* («convergencia, encuentro») y *fligĕre* («golpe, choque»). Es una situación en la que convergen y chocan varios elementos. En los *conflictos éticos* colisionan valores, principios o normas éticas, es decir, bienes morales. Un conflicto genera una situación discrepante (el problema), donde hay varias opciones y es difícil saber qué se debe hacer.

Cuando se habla de problemas morales, con frecuencia se usa el término *dilema moral*. De hecho, algunos problemas (conflictos) morales son dilemas, porque los dilemas son un tipo de problema. El término proviene del griego y después del latín *dilemma*, formado de *dis* («dos») y *lemma* («tema, premisa»). Un dilema es un tipo de argumento formado por dos proposiciones (A/B) alternativas, bien disyuntivas o contrarias: A o B. En los dilemas éticos se tiene que elegir entre dos opciones disyuntivas. En lógica y en la teoría de la decisión racional, además de dilemas se han descrito trilemas (elección entre tres opciones contradictorias o disyuntivas que conducen a resultados distintos) y hasta cuatrilemas. Algunos autores han planteado métodos para resolver los dilemas morales. El *método del dilema*[186] de Jacques Graste se encamina al resultado, a la resolución gradual del problema. En el proceso de toma de decisiones se recogen los valores y normas de las distintas partes.

---

186 Molewijk AC, Abma T, Stolper M, Widdershoven G. *Teaching Ethics in the Clinic. The Theory and Practice of Moral Case Deliberation.* J Med Ethics. 2008;34:120-124.

Tabla. Método para análisis de los dilemas morales.*,[187]

1. Se presenta el caso moral
2. Formulación de una cuestión moral general
3. Breve formulación de un dilema** (¡por quién presenta el caso!)
   a. ¿Debo hacer A o B?
   b. Lo más concreto posible
   c. Evitar conceptos abstractos
   d. Evitar formulaciones normativas implícitas
4. Posibilidades de aclaraciones y preguntas
5. Esquema con las «perspectivas», «valores» y «normas» implicados
   a. Posición del dilema en el esquema (<)
   b. Conectar los valores/normas con el dilema original (A o B)
6. Enumerar todas las alternativas posibles (sin discutir la viabilidad)
7. Hacer una ronda individual (anotar primero)
   a. Creo que lo correcto es…
   b. Porque
   c. Por lo tanto, no puedo hacer…
   d. ¿Cómo puedo afrontar o disminuir la carga/el daño moral?
   e. ¿Qué virtudes son necesarias para hacer lo correcto?
8. Discutir un posible consenso o una decisión grupal («sopesar» valores y normas)
9. Concertar citas prácticas y planificar las fechas para evaluar esas citas

*Objetivo: enumerar y estructurar las perspectivas, valores y normas en dilema (objetivo analítico) para preparar el proceso de toma de decisiones (¡no hay garantía de resolución de los problemas ni de consenso!).
**Experimentar un dilema es sentir que te obligan a hacer A o B. Lógicamente no es posible hacer ambas cosas (A y B). No hacer A o B causa carga o daño moral.

187 Graste J. *Omgaan met dilemmas. Een methode voor ethische reflectie [Dealing with Dilemmas. A Method for Ethical Reflection].* En: In gesprek over goede zorg. Over legmethoden voor ethick in de praktijk [Being Engaged in Conversations on Good Care. Conversation Methods for Ethics in Practice], Manschot H, Van Dartel H. (editores). Amsterdam: Boom; 2003. 43-61.

En la realidad fáctica hay dilemas, situaciones, habitualmente extremas, ante las que solo tenemos dos caminos, como el popular dilema del tren.[188] Sin embargo, un inconveniente en ética es considerar que un problema que tiene diversas opciones es un dilema (A o B), cuando en realidad puede ser A o B o C o D o [...].[189] Muchos sanitarios, ante un problema ético solo visualizan el camino A o el B, lo que empobrece, si no impide, la deliberación ética.[190] En los dilemas cada camino se corresponde con uno de los principales valores en conflicto. Por ejemplo, dejar que un paciente se vaya de alta (A), porque hay que respetar su libertad, o retenerle en contra de su voluntad (B) para darle un cuidado sanitario óptimo. Uno de los objetivos de la deliberación moral es la búsqueda de opciones (soluciones) que hagan compatibles, en la medida de lo posible, los valores en disputa. Se trataría de encontrar otros caminos para resolver mejor el problema, huyendo de la dicotomía A o B. En el caso propuesto, algunas opciones son intentar convencer al paciente para que se quede ingresado, buscar la cooperación de su familia o hacer las pruebas rápido para que se marche lo antes posible.

¿Cómo identificar un problema ético?

Muchas personas que tienen un problema ético no lo identifican como tal.[191,192] Tienen dudas, desazón o malestar ante una

---

188 NOTA DEL AUTOR. En el dilema del tren (Philippa Foot, 1978), los sujetos conducen un tranvía que va a arrollar a cinco personas. Tienen que decidir en pocos segundos si presionan un botón que desviaría el tren, pero esta elección le costaría la vida a una persona.

189 Gracia D. *La deliberación moral: El método de la* ética *clínica.* Med Clin (Barc). 2001;117:18-23.

190 De Wolf MS. Ethical Decision-Making. Semin Oncol Nurs. 1989 may.;5 (2): 77-81.

191 Hébert PC, Meslin EM, Dunn EV. *Measuring the Ethical Sensitivity of Medical Students:* A Study at the University of Toronto. J Med Ethics. 1992 sep.;18(3):142-147.

192 Hébert P, Meslin EM, Dunn EV, Byrne N, Reid SR. *Evaluating Ethical Sensitivity in Medical Students: Using Vignettes as an Instrument.* J Med Ethics. 1990 sep.;16(3):141-145.

situación problemática moralmente. No saben qué deben hacer, pero, como identifican el problema ético como clínico, personal, social, económico o de otro tipo, no dan una respuesta adecuada. La incapacidad para reconocer los problemas éticos se denomina *ceguera axiológica*.[193] [194] Sucede porque el sujeto no es capaz de visualizar y, por tanto, nombrar, el problema ético. La consecuencia es que no se da una respuesta adecuada al problema, lo que genera insatisfacción. También hay personas que, sin saber definir qué es un problema ético, son capaces de identificarlos en su día a día. Le ocurre a la mayoría de los profesionales sanitarios.[195]

Un problema ético se produce cuando no sabemos qué debemos hacer ante una elección entre diversos bienes morales (valores, normas, principios). La duda no es técnica, legal ni metafísica. Deriva de una colisión entre distintos bienes morales. Para tomar una decisión óptima, hay que identificar el problema (el enigma) ético y los valores en juego.

Los problemas éticos se pueden identificar desde dentro, por las personas que lo tienen, o desde fuera, que lo identifique alguien ajeno. Los padres de Juan, un recién nacido con una patología neurológica grave con mal pronóstico, piensan que se enfrentan a un problema clínico. Juan va a fallecer en un breve periodo de tiempo. Los datos clínicos así lo avalan y los neonatólogos consideran apropiado darle el mayor confort posible. Les han planteado a los padres limitar el soporte vital y pautar tratamiento paliativo. Los padres no saben qué hacer, si aceptar la retirada del soporte vital, con el fallecimiento inmediato de su

193   Maliandi RG. *Acerca de la ceguera axiológica*. Revista de Filosofía (La Plata). 1964;15:28-43.

194   Quesada-Rodríguez F. Ética *fenomenológica, axiológica y hermenéutica*. Rev. Filosofía Univ. Costa Rica. 2021 en.-abr.;LX (156):25-57.

195   DeWolf Bosek MS. *Identifying Ethical Issues from the Perspective of the Registered Nurse*. JONAS Healthc Law Ethics Regul. 2009 jul.-sep.;11(3):91-99.

hijo, o mantenerlo con vida artificialmente, sabiendo que fallecerá igualmente, pero tras haber sufrido más como consecuencia del soporte vital. Los neonatólogos pueden ayudar a los padres de Juan a identificar el problema. La duda se produce porque tienen que decidir entre el bienestar de Juan o por prolongar su vida y la vivencia de la paternidad que tanto han deseado. Los neonatólogos entienden sus dudas. Para ayudarles, realizan una consulta al comité de ética del hospital e invitan a los padres a participar en el proceso de consulta. Inicialmente muestran su sorpresa por la consulta. Pensaban que se trataba de una decisión médica. Tras hablar con el comité, comprenden los valores que hay en ciernes. Cómo la duda deriva de que desean lo mejor para Juan, pero no saben *qué es lo mejor* para su hijo. Gracias a que han identificado el problema, han podido tomar y justificar su decisión.

¿Cómo formular un problema ético?

Tras identificar el problema ético, el siguiente paso es formularlo. Expresar adecuadamente la pregunta ética permite abrir el proceso de deliberación y de decisión. La pregunta inicia la discusión para averiguar (es un enigma) qué valores son prioritarios en esta situación. Qué es lo bueno o lo mejor que podemos hacer aquí y ahora. Si no se especifica con precisión desde el comienzo cuál es el problema, difícilmente atinaremos en la respuesta.

La pregunta tiene que poner de manifiesto qué bienes morales (principios, normas, valores) están colisionando, porque hay que tomar la decisión que mejor los proteja. Tal vez no sea necesario nombrarlos expresamente, pero la pregunta tiene que mostrar con claridad el conflicto entre valores. A continuación, se dan unas recomendaciones para formular los problemas éticos:

- Para visualizar la duda, es recomendable enunciar una pregunta. No obstante, no es imprescindible. Podemos decir

«¿Debo realizar una fertilización *in vitro* en una pareja sin problemas de fertilidad para evitar una enfermedad?» o también «Tengo dudas sobre si debo realizar una fertilización *in vitro* […]».

- La pregunta tiene que incluir, al menos de forma implícita o indirecta, el conflicto entre valores que subyace al problema ético. En el ejemplo expuesto, de una parte, el valor de la vida de los embriones que sobrarían tras la fertilización *in vitro* y, de otra, la salud del hijo de la pareja y su libertad de elección.

- Evitar introducir el término *ético* (o *moral*) en la pregunta. Añadir *ético* no convierte a la pregunta en duda ética, sino en juicio ético. Se usa como sinónimo de *correcto*. «¿Es ético realizar la fertilización *in vitro*?» no expone un problema (una duda, un enigma) ético, sino que busca realizar una valoración moral. La respuesta será un juicio ético acerca de la fertilización *in vitro*. La pregunta anterior («¿Debo realizar una FIV en una pareja sin problemas de fertilidad para evitar una enfermedad?») expone una duda ética, porque hay un conflicto entre valores y hay que tomar una decisión.

- Emplear verbos que apunten hacia la búsqueda de lo bueno o de lo mejor. Se pueden usar diferentes fórmulas para expresarlo:

  - El verbo habitualmente empleado en ética es *deber*: «¿Debo (hacer esto o esto otro)?».
  - También se puede usar el verbo *ser* junto a un término que apunte hacia lo bueno: «¿Es adecuado (realizar una determinada acción o por el contrario […])?», «¿Es correcto?», «¿Es recomendable?», etcétera.
  - Otra opción es preguntar directamente por lo mejor: «¿Qué es mejor (si esto o aquello)?».

- Otro verbo que puede apuntar hacia lo bueno o lo mejor es *tener (que)*: «¿Tengo que (hacer esto o esto otro)?».[196]

Se tiene que formular la duda de forma clara y concreta. No hay que escatimar esfuerzos en este momento. El posterior proceso deliberativo y la decisión moral penderá de él. Al leer la pregunta, el interlocutor tiene que comprender nítidamente qué valores hay en conflicto. Si no es así, se tiene que reformular la pregunta hasta que lo transmita con claridad.

Tabla 1. Recomendaciones para formular los problemas éticos.

1. Enunciar el problema como pregunta
2. La pregunta tiene que incluir, al menos de forma implícita o indirecta, el conflicto entre valores
3. Evitar introducir el término *ético* (o *moral*) en la pregunta
4. Emplear verbos que apunten hacia la búsqueda de lo bueno o de lo mejor:
   - Verbo *deber*: «¿Debo (hacer esto o esto otro)?».
   - Verbo *ser* junto a un término que apunte hacia lo bueno: «¿Es adecuado (realizar una determinada acción o por el contrario […])?», «¿Es correcto?», «¿Es recomendable?».
   - Preguntar directamente por lo mejor: «¿Qué es mejor (si esto o aquello)?».
   - Verbo *tener (que)*: «¿Tengo que (hacer esto o esto otro)?».

---

196 NOTA DEL AUTOR. José Ortega y Gasset daba un significado específico al tener que. Conectaba este verbo con el proyecto personal de cada uno. Nuestro yo «es en cada instante lo que sentimos "tener que ser" en el siguiente y tras éste en una perspectiva personal»; es «una tarea, un proyecto de existencia» (1). Para Ortega el hombre auténtico siente el imperativo —no impuesto, pero sí propuesto— de ser el que «tiene que ser», de hacer lo que «tiene que hacer», a pesar de las adversidades del mundo (2).
----
(1) Ortega y Gasset J. *El proyecto que es el yo*. En: *Obras completas*, tomo VII, Sobre la leyenda de Goya. 549.
(2) Gutiérrez A. *La ética vocacional, heroica, deportiva e ilustrada de Ortega y Gasset para tiempos de desorientación*, parte I. Cinta de Moebio. 2020;68:108-119.

Diagnóstico diferencial: ética, derecho y deontología

Existen dudas técnicas («¿Qué antibiótico es mejor para esta infección de orina?»), donde escogemos lo mejor dentro del ámbito fáctico de los hechos. Este ámbito no es normativo: entre varios antibióticos, habrá uno que sea mejor para la infección. Junto al ámbito de los hechos, existen otros ámbitos que sí son normativos, porque contienen bienes morales y marcan las normas de comportamiento. Son la ética, la deontología y el derecho. Indican nuestros deberes; qué tenemos que hacer aquí y ahora. Estos tres ámbitos están conectados, aunque cada uno goza de cierta autonomía.

En la realidad fáctica, los diferentes ámbitos decisionales aparecen mezclados. El mundo de los hechos y los tres ámbitos normativos están en una continua relación dialógica (existe interlocución entre todos ellos) y dialéctica (colisionan y se interpelan). El paciente que desea irse de alta en contra del criterio médico plantea un problema ético, pero además hay aspectos profesionales (deontológicos) y hay que considerar el marco jurídico. Para analizar y responder adecuadamente al problema hay que diferenciar cada ámbito decisional, porque hay que dar la respuesta apropiada en cada uno de ellos. Un adecuado diagnóstico diferencial permite distinguir entre problemas clínicos, éticos, legales y deontológicos, sabiendo que en muchos casos se mezclan. Ayuda a aclarar los problemas y a saber de qué manera conducirlos.

Derecho

Para comprender la relación entre ética y derecho, son útiles las nociones de ética de mínimos y de máximos.[197] La *ética de máxi-*

---

197   Cortina A. Ética comunicativa. En: *Concepciones de la* ética, Camps V, Guariglia O, Salmerón F. (editores). Madrid: Trotta/CESIC; 1992. 177-200.

mos es individual y, por tanto, subjetiva. Su fin es la perfección y la plenitud vital (la felicidad) del individuo. En función de la *ética de máximos*, cada persona organiza su proyecto de vida personal, porque cada individuo tiene sus propios valores y los ordena a su manera. La ética de mínimos se fundamenta en los valores compartidos en una sociedad o grupo social. Es el común denominador de valores, normas y hábitos compartidos por una sociedad, que sirven para organizar la convivencia y reducir los conflictos. Podría ser intercambiable con la idea de *moral*. En las culturas democráticas, estas éticas son laicas y están basadas en unos valores reconocidos ampliamente, muchas veces identificados con los derechos humanos.

En la ética de mínimos, el mínimo moral aceptado en cada sociedad para la convivencia, está presente la idea de derecho. Los valores y normas que se reconocen en una sociedad deberían inspirar las leyes que regulan la convivencia. Las sociedades democráticas son plurales respecto a las diferentes éticas de máximos, con los proyectos de vida individuales, pero a su vez les marcan límites desde el derecho. Las morales civiles se articulan en la legislación a través de leyes y normas positivas, que incluyen los derechos y deberes de los ciudadanos. Las leyes son la ética civil que prioriza los valores preponderantes en la sociedad. El derecho se gestiona desde la política. El Poder Legislativo —el Parlamento elegido por todos los ciudadanos— elabora y modifica las leyes. De hecho, el fin del derecho y el de la política son similares: mantener y desarrollar la vida en común.

El derecho, a diferencia de la ética de mínimos, es coactivo y puede ser coercitivo. Puede castigar. Si un ciudadano incumple la ética de mínimos, podrá ser reprobado socialmente, pero no sancionado, a no ser que dicho incumplimiento conlleve además una agresión a las leyes civiles. Si Ana no visita a su padre cuando está ingresado en el hospital, puede recibir una crítica por quebrantar los valores compartidos en su comunidad: el cuidado de los mayores, la responsabilidad hacia la familia, etc. Pero no está infringiendo ninguna ley. Diferente sería si Ana no cuida de su hijo de dos años. Además de la reprobación social, como estaría cometiendo un delito por abandonar a su hijo, podría sufrir un castigo legal.

Al analizar la relación entre ética y derecho hay que tratar el reduccionismo legal. Consiste en afirmar que lo ético es lo que se ajusta a la ley. Los problemas morales serían problemas jurídicos, por lo que se pueden resolver apelando a las leyes. Lo que no está legislado depende de cada uno y, mientras no se infrinja una ley, cualquier opción es válida. El reduccionismo jurídico limita el lenguaje moral al lenguaje de los derechos, a la confrontación entre derechos, en lugar de usar la terminología propia de la ética (bienes, valores, virtudes, principios). Este lenguaje condiciona las discusiones morales, porque si alguien tiene *derecho a*, otro tendrá que (estará *obligado a*) dar respuesta a dicho derecho. Conduce a una mentalidad litigante, a la lucha entre derechos, que es dilemática, porque solo se plantean dos opciones: cumplir la ley o no hacerlo.

Deontología

No hay que confundir las éticas deontológicas o principialistas —aquellas que encuentran su referencia en determinados principios morales— con la deontología profesional y su principal derivada, los códigos deontológicos.[198] La deontología parte del siguiente presupuesto: las profesiones con una elevada responsabilidad social, como las sanitarias, tienen que estar reguladas con unas normas de comportamiento para que los profesionales no hagan lo que les dé la gana. Hay demasiado en juego, la vida y la salud de los ciudadanos, lo cual no se puede dejar al albur

---

198   Herreros B. ¿Sirve para algo la deontología? Bioética Complutense. 2017 dic.;32:17-20.

de cada uno. La deontología tiene en el juramento hipocrático su manifestación más antigua y en la actualidad se refleja en los códigos deontológicos. A través de sus normas, marca límites a los comportamientos de los profesionales sanitarios, con capacidad sancionadora. Al mismo tiempo, la deontología promueve la excelencia. Alienta a que los profesionales no se queden en el mínimo (profesional y moral), a que vayan más allá para lograr el fin último de su profesión, en medicina el cuidado óptimo de la salud.

Si existen ética y legislación, ¿por qué las profesiones necesitan unas normas, una regulación interna? Porque la legislación no regula todos los comportamientos y tampoco promueve la excelencia, imprescindible en las profesiones sanitarias. En cuanto a la ética, ya sea individual (de máximos) o social (de mínimos), tampoco es garantía para asegurar que los profesionales cumplan unos determinados mínimos profesionales.

Diagnóstico diferencial

La deontología y el derecho son heterónomos: buscan las respuestas fuera, en un código, bien en el deontológico o en la ley. La ética, sin embargo, se fundamenta en la autonomía de los interlocutores. Los problemas éticos se resuelven entre los agentes que tienen el conflicto a través de la deliberación moral. Es habitual que en un mismo caso haya cuestiones éticas, legales y deontológicas. Para resolver el problema ético no tenemos que refugiarnos en la deontología ni en las leyes. Supondría caer en el reduccionismo jurídico o deontológico. Hay que trabajar conjugándolos; comprendiendo la complejidad del problema para resolverlo de la forma más satisfactoria.

Para realizar el diagnóstico diferencial y aclarar cómo responder a cada problema, pueden ayudar las siguientes pautas:

- *Problema clínico* (ámbito fáctico): ¿existen dudas respecto al diagnóstico, pronóstico o sobre el tratamiento? Estas dudas se resuelven profundizando en el estudio clínico, consultando con compañeros (expertos) o en sesión clínica.
- *Problema social y/o cultural* (en general, ámbito fáctico): ¿influye la situación social o la cultura del paciente en el problema actual? Si hay un problema social, debe canalizarse a través de los trabajadores sociales. Para los problemas culturales no hay un canal específico, pero pueden ayudar, por ejemplo, mediadores culturales o los propios trabajadores sociales.
- *Problema deontológico*: ¿se está infringiendo alguna norma profesional, presente en el código deontológico? Si es así, se tiene que poner en conocimiento del colegio profesional correspondiente.
- *Problema legal*: ¿se está incumpliendo alguna ley? En caso de duda, los centros sanitarios cuentan con asesores jurídicos. Si se detecta un delito, cualquier ciudadano tiene la obligación de denunciarlo.
- *Problema ético*: ¿existe un conflicto entre bienes/valores? Si existen dudas sobre cómo abordarlo, se puede consultar con el comité de ética o con consultores en bioética.

MODELOS DE ASESORAMIENTO ÉTICO

Una vez identificado el problema ético y realizado el «diagnóstico diferencial», si hay dificultades para abordarlo se tiene que pedir ayuda. Pedir consejo o asesoramiento ético. El consejo siempre ha tenido un papel en ética. En el ámbito específico de la bioética clínica, existen diferentes modelos de asesoramiento: el comité, la consultoría y los protocolos/directrices.

El consejo en ética: diálogo, aforismo y casuística

Como muchas decisiones éticas son difíciles, es habitual buscar el consejo de otro o de otros. Por este motivo, el asesoramiento moral tiene una amplia tradición. El consejo ético ha tenido principalmente tres formatos, que son: el diálogo, en el cual se expresan las dudas y las posibles respuestas; los textos de consejos, con aforismos, máximas o sentencias que indican brevemente la mejor forma de conducirse en el mundo real; la casuística o casuismo, donde, a partir de supuestos reales, se realizan recomendaciones prácticas.

Platón estableció el modelo dialógico para dilucidar (aconsejar) qué es lo mejor en una situación, bien general o concreta. Lo hizo en sus diálogos de juventud y en los de madurez, desde *Apología* hasta *República*. Emilio Lledó en *El origen del diálogo y la ética*[199] explica que el diálogo es un formato propicio para la ética porque permite la discrepancia y la búsqueda de una solución entre varios. En sus diálogos, Platón expresa diferentes discursos y opiniones. Por supuesto, las de Sócrates, pero igualmente las de Glaucón, Adimanto o Hemógenes. En el diálogo se suman y contraponen ideas, muchas veces divergentes, si no opuestas. Platón muestra el diálogo como un método abierto que permite vislumbrar los diferentes puntos de vista. Ningún interlocutor está en posesión de la verdad. Sitúa en el centro a su maestro, Sócrates, que parece tener más criterio que los demás. No por sus ideas, sino por el método que emplea: la búsqueda racional entre todos de la verdad o de la mejor solución para un problema. Los diálogos no establecen una doctrina, sino un procedimiento para encontrar colectivamente la respuesta a preguntas generales o concretas.

Según Emilio Lledó, el diálogo platónico es producto de la democracia. No es un pensamiento hecho, sino roto y abierto

---

199   Lledó E. *El origen del diálogo y la* ética. *Una introducción al pensamiento de Platón y Aristóteles.* Madrid: Gredos; 2011. 21-23, 94-96.

a revisión permanente entre todos los miembros de la *polis*. Siguiendo el modelo platónico, otros autores han intentado introducir al lector en una conversación en la que se dilucida qué hacer ante una situación conflictiva. Así lo hacen, por ejemplo, Epicteto (55-135) en sus *Disertaciones* o David Hume (1711-1776) en los *Diálogos sobre la religión natural* cuando discute el origen del mal.

En cuanto a los aforismos y las máximas, se caracterizan por su concreción. Los estoicos fueron maestros en trasladar el consejo a través de máximas y en lenguaje aforístico. Algunos ejemplos son Séneca (4 a. C.-65) en *Sobre la brevedad de la vida* y Marco Aurelio (121-180) en *Meditaciones*. En la modernidad, se puso en boga el consejo moral a través de textos breves aforísticos. Lo hicieron Baltasar Gracián (1601-1658), Francisco de La Rochefoucauld (1613-1680) o Nicolas de Chamfort (1741-1794). Tras el resurgimiento del aforismo, este modelo de consejo no ha cesado hasta nuestros días: Goethe (1749-1832), Arthur Schopenhauer (1788-1860), Friedrich Nietzsche (1844-1900) y un largo etcétera lo han empleado. Mientras los aforismos clásicos están orientados a la transmisión de un saber general o universal, los modernos suelen expresar verdades más particulares e individuales, muchas veces aplicadas a casos concretos, con una validez más efímera y temporal. Las máximas clásicas pretendían alcanzar verdades con mayúsculas, a diferencia de los textos aforísticos posteriores, que manifiestan la opinión subjetiva de quien los formula.

El tercer modelo que plantea consejos prácticos es la casuística. Consiste en la aplicación de principios éticos generales a casos concretos, con el objetivo de determinar lo que se debe hacer en *esa* situación. Se ha definido por John Arras, Albert R. Jonsen y Stephen Toulmin como el «arte de aplicar cualquier tipo de principios morales que se tengan a mano a los casos concretos».[200] La

---

200   Arras JD, Jonsen AR, Toulmin S. *The Abuse of Casuistry: A History of Moral Reasoning*. Hastings Center Report. 1990;20(4):35.

casuística ha producido fórmulas muy variadas. Tiene su origen en la filosofía de Platón y Aristóteles, así como en la antigua *responsa* judaica. En Ética a Nicómaco, Aristóteles a menudo aconseja cómo ser virtuoso basándose en ejemplos prácticos. Ética a Nicómaco podría ser considerado el primer tratado de ética del consejo, de recomendaciones centradas en casos concretos:

> ¿Deberá un hombre que ha sido rescatado de los bandidos rescatar, a su vez, a quien lo rescató, sea quien fuere (o si éste no ha sido capturado, devolverle el precio del rescate si se lo pide), o más bien rescatar a su padre? Parecería, en efecto, que debe rescatar, más bien, a su padre. Como hemos dicho, en general debe pagarse una deuda, pero, si el don sobresale por más noble o más necesario, debemos inclinarnos a esto.[201]

Durante el medievo Tomás de Aquino pulió la casuística. Después pasó a la modernidad a través de autores como Spinoza y, sobre todo, gracias a los jesuitas. Los casuistas cristianos eran expertos en interpretar las reglas morales —divinas o la ley natural en Tomás de Aquino— en situaciones y condiciones particulares.[202] En el siglo XX Stephen Toulmin y Albert Jonsen han propuesto su propia metodología casuística, trasladada a la ética clínica por el mismo Albert R. Jonsen, junto a Mark Siegler y William J. Winslade. En el casuismo, en lugar de razonar a partir de teorías, se parte del problema que plantea un caso práctico y se indica la forma de actuar en *ese* caso.

Estos tres formatos de asesorar —el diálogo, los aforismos y la casuística— muestran la relevancia histórica del consejo en la filosofía moral. Sin embargo, si un médico tiene una duda moral concreta, posiblemente no recurra a los diálogos de Platón, a los consejos de los estoicos ni a la filosofía casuística. Cuando existe

---

201 Aristóteles. Ética *a Nicómaco*, Libro IX. Madrid: Gredos; 1985. 335-336.
202 Jonsen AR. *Casuistry and Clinical Ethics*. Theor Med. 1986 feb.;7(1):65-74.

una duda es preciso intervenir sobre los detalles y circunstancias concretas del problema. Para hacerlo, en bioética clínica se han desarrollado diferentes modelos que intentan atender estas dudas. No obstante, como se verá a continuación, tanto el diálogo, como los aforismos y la casuística siguen presentes en estos modelos.

Modelos de asesoría en bioética clínica

En bioética clínica, las dudas se pueden resolver individualmente, por aquel que las tiene, o buscando un consejo externo. Porque deliberación moral, como indicaba Aristóteles, puede hacerse individualmente, pero también entre varios. Por último, se han desarrollado protocolos con recomendaciones explícitas que aconsejan la mejor forma de actuar ante casos estandarizados.

Los tres formatos filosóficos de consejo (diálogo, aforismo/máxima y casuística) se reflejan en los diferentes modelos de asesoría bioética: el diálogo es la base de la deliberación; los aforismos/máximas son recomendaciones, como las que realiza un comité de ética; los protocolos son una muestra de casuística, porque plantean una serie de escenarios problemáticos (casos), aterrizando en ellos los principios y normas morales aplicables.

Decisión individual

Los clínicos se enfrentan a diario a decisiones conflictivas y muchas las resuelven solos, sin consultar a compañeros, comités ni a consultores especializados. Esto se debe, entre otras causas, a que la mayor parte de los problemas son sencillos, a no tener acceso a comités ni a consultores, a que no identifican los problemas éticos (ceguera axiológica, por falta de formación o de sensibilidad ética) o porque se sienten autosuficientes para resolver los problemas.

Para tomar decisiones individuales, resulta igualmente útil el proceso de deliberación. Al fin y al cabo, se trata de procurar una visión global del problema y de sopesar los factores en juego. En la deliberación individual, como en toda deliberación, se necesita tiempo. Pero, al realizarla una sola persona, posiblemente se precisa de más tiempo para considerar todos los factores. Por este motivo, cuando alguien tiene que tomar una decisión difícil dice que tiene que «consultarlo con la almohada», es decir, que necesita tiempo para reflexionar. El tiempo permite considerar todos los factores y, además, ayuda a aplacar algunos factores de confusión que dificultan la deliberación, como: guiarse por una emoción intensa que opaca otros factores (el enfado o el miedo pueden impedir una deliberación ecuánime); tomar decisiones precipitadas, ya sea por inercia (siguiendo la costumbre) o guiándose por las primeras impresiones; decidir aquello que los demás esperan.

Hay personas que, bien por la educación recibida o por sus características personales, tienen facilidad para reflexionar y deliberar acerca de los problemas. Son las personas sensatas. Alguien sensato, del latín *sensatus* (*sensus-atus*, «que tiene sentido común y buen juicio»), es alguien prudente, reflexivo y con buen juicio. De una persona sensata nos podemos fiar, porque estudia detenidamente los problemas, los factores implicados y decide con ponderación. La deliberación y la sensatez se pueden educar. Es importante educar el carácter de los profesionales sanitarios para que adquieran las competencias que les ayuden a deliberar. Al fin y al cabo, la mayor parte de sus decisiones las toman individualmente. Por otra parte, podrán aplicar las competencias deliberativas a las decisiones compartidas. La educación del carácter tiene como punto de partida las éticas de la virtud: el profesional, a través de la práctica, puede aprender a escuchar, a respetar puntos de vista divergentes y a encontrar el mejor curso de acción. En suma, puede incluir en su carácter la deliberación, para que, cuando se enfrente a un problema, delibere de forma natural.

¿En qué decisiones debe realizarse una deliberación individual? En aquellas que dependen exclusivamente de uno mismo.

Si un laboratorio farmacéutico me dice que para pagarme la inscripción de un congreso tengo que participar en un ensayo clínico, solo yo puedo sopesar mis dudas morales. Mientras que si un paciente, contrariamente a mi criterio, no quiere hacerse una colonoscopia porque su hija considera que «no merece la pena», necesariamente tengo que deliberar con los implicados. También puede ocurrir que nos enfrentemos a una decisión individual y que no sepamos qué hacer. Ante una situación difícil, si no sabemos qué debemos hacer, se debe buscar el consejo de alguien.

Consejo colectivo: los comités de ética

Por qué los comités de ética

Desde antiguo ha habido comités, comisiones y grupos de sabios —ahora los llamaríamos *expertos*— que han ayudado en las decisiones difíciles. El Senado romano nació como una instancia consultiva de la monarquía. Estaba constituido por treinta patricios, las cabezas de las familias predominantes, que aconsejaban al monarca qué hacer para resolver los problemas. El *Senatus* era un consejo de ancianos —en latín *senex* significa «anciano»—, de personas sabias y con experiencia. Desde aquel primigenio Senado romano, los gobernantes se han rodeado de consejeros para que les ayudaran (aconsejaran) en las decisiones difíciles.

En medicina, es habitual que las decisiones difíciles se tomen en grupo. Los casos complejos se presentan a comités de expertos o en sesión clínica. En las sesiones de cuidados intensivos, por ejemplo, se deciden de forma colectiva las cuestiones técnicas y éticas relacionadas con el soporte vital. ¿Por qué se busca el consejo de un grupo de expertos, de sabios, para estas decisiones? Porque en los problemas complejos es necesario tener una visión global (muchas veces no la tiene una sola persona), considerar todos los factores y poseer experiencia. Entre varios es más sencillo pensar los diferentes aspectos que influyen en el problema y, a la hora de buscar el mejor curso de acción, la experiencia ayuda a encontrarlo: aquel que tiene mejores consecuencias, y quienes aconsejan tienen experiencia con casos similares. Para que un comité tenga una visión global, integrando los diferentes factores y opciones, tiene que ser multidisciplinar y plural. Si, por ejemplo, sus miembros tienen la misma formación o representan la misma jerarquía de valores, realmente da igual que la decisión se tomé en grupo, porque no será posible una verdadera deliberación.

En bioética, los primeros comités de ética aparecieron con el nacimiento de la disciplina. En 1962 se creó el *Life and Death Committee* («Comité de la Vida y de la Muerte»), considerado el primer comité de bioética. El Dr. Belding Scribner desarrolló los primeros dializadores, gracias a los cuales la insuficiencia renal crónica dejaba de ser una enfermedad mortal. El centro contaba únicamente con tres, por lo que se creó un comité de personas anónimas que se encargaba de seleccionar a los candidatos a diálisis.[203] Poco a poco fueron apareciendo más comités monográficos para analizar problemas éticos concretos.

El caso Karen Ann Quinlan (1976) fue clave para la creación de los comités de ética institucionales, que ya no eran monográficos, sino que atendían cualquier problema ético de la institución. Karen Ann Quinlan era una mujer de veintiún años que en una fiesta, tras ayunar, tomó alcohol, diazepam, clordiazepóxido y barbitúricos. Perdió el conocimiento y sufrió una apnea de treinta minutos, quedando en estado vegetativo. Sus padres solicitaron la desconexión de la ventilación asistida, pero los médicos se negaron. El veredicto de la Corte Suprema de Nueva Jersey fue favorable a los padres. La sentencia señalaba que «ningún caso como este debería llegar a los tribunales y deberían formarse grupos de expertos en todos los hospitales que den consejo en situaciones

---

203   Blagg CR. *The Early Years of Chronic Dialysis: The Seattle Contribution.* Am J Nephrol. 1999;19(2):350-354.

como ésta».[204] De la mano de esta y otras sentencias (también fue importante el caso Baby Doe en 1983)[205] y, sobre todo, gracias al apoyo institucional y político, a partir de la década de 1980 comenzaron a crearse comités de ética hospitalarios en Estados Unidos. En 1992 la *Joint Commission on Accreditation of Health Care Organizations* exigía que las instituciones sanitarias tuviesen algún mecanismo para resolver los problemas éticos.[206] En Europa los comités de ética comenzaron a proliferar en la década de 1990.

Los comités de ética aparecen porque los problemas éticos en medicina son frecuentes y muchos, debido a su complejidad, dificultan la práctica clínica. Estos problemas precisan respuestas y la normativa no es suficiente. No es una buena solución judicializar la medicina; responder a los conflictos aplicando normas legales. Por otra parte, la formación en ética, aunque necesaria, muchas veces tampoco es suficiente para afrontar los casos complejos. Por estos motivos surgen los comités de ética. Para que los sanitarios y usuarios cuenten con órganos de deliberación que los aconsejen para tomar buenas decisiones. Al estar en las instituciones, están próximos a los problemas, algo primordial en ética: el consejo desde la proximidad.

Funciones de los comités de ética asistenciales

En España los comités en bioética clínica se han denominado *comités de ética asistenciales* o *para la asistencia sanitaria*. Son grupos autorizados en su ámbito institucional, que asesoran,

---

204   Stevens ML. *The Quinlan Case Revisited: A History of the Cultural Politics of Medicine and the Law.* J Health Polit Policy Law. 1996 Summer;21(2):347-366; discussion 367-372.

205   Annas GJ. The Baby Doe Regulations: Governmental Intervention in Neonatal Rescue Medicine. Am J Public Health. 1984 jun.;74(6):618-620.

206   Scofield GR. *Health Care Ethics Committees: The Next Generation*, by J.W. Ross, et al. HEC Forum. 1994 may.;6(3):157-162.

median, apoyan y hacen recomendaciones ante los aspectos y conflictos éticos de la institución.[207] Su función principal, como en otros países, es mejorar la calidad ética de las decisiones, lo cual repercute en la calidad asistencial.[208] Pueden recibir consultas de los profesionales, de pacientes y usuarios en general. Si el problema es frecuente, elaboran protocolos y recomendaciones generales para orientar la toma de decisiones.

Los consejos y recomendaciones de los comités de ética no son vinculantes (de obligado cumplimiento). Aconsejan qué es lo mejor que se puede hacer y, al final, aquel que realiza la consulta —considerando la recomendación del comité— tiene que tomar la decisión. Son órganos consultivos, no ejecutivos.

También tienen una tarea educativa. Forman a los profesionales del centro en bioética para que puedan identificar y enfrentarse a los conflictos morales. Educando a los profesionales y promoviendo su excelencia se mejora la calidad asistencial, porque con mejores profesionales se previenen y tratan mejor los problemas éticos.

Características de los comités de ética

Para llevar a cabo su función asesora, los comités de ética tienen que cumplir los siguientes requisitos: independencia, pluralidad, pluridisciplinariedad, capacidad deliberadora, pragmatismo, respeto y flexibilidad.

- *Independencia.* Sus deliberaciones deben estar dirigidas a responder a las dudas éticas. Aunque puede recibir

---

207   Álvarez JC. Comités de ética asistencial: Reflexión sobre sus funciones y funcionamiento. En: *Bioética: Un diálogo plural*, Ferrer JJ, Martínez JL (editores). Madrid: Universidad Pontificia Comillas; 2002. 367-384.

208   Álvarez JC. Comités de ética asistencial: *Problemas prácticos*. En: Comités de bioética, Martínez JL (editor). Bilbao/Madrid: Desclée De Brouwer/ Universidad Pontificia Comillas; 2003. 71-90.

presiones o intentos de influencia externa, estas no deben desviar la deliberación. Igualmente, al elaborar protocolos o al diseñar la formación en bioética. Una cuestión debatida es su dependencia orgánica. Hay instituciones en las que los comités dependen de la dirección, aceptando entre sus miembros a personal de la dirección, mientras que en otras mantienen una independencia completa de la dirección. Contar con el apoyo de la dirección es esencial para que puedan trabajar y para su reconocimiento en la institución. Pero una excesiva interferencia de la dirección puede restringir la libertad de sus miembros, dificultando la deliberación. La dirección del centro tiene que apoyar y reconocer al comité de ética, no supervisar sus tareas.

– *Pluralidad*. Al deliberar, los miembros del comité tienen que ayudar a buscar la mejor solución a los problemas. Para hacerlo, es necesario reconocer los diferentes valores y preferencias presentes en los problemas. Los distintos puntos de vista. Si el comité no reconoce la pluralidad, sus discusiones estarán sesgadas; tal vez esté adoctrinando, pero no deliberando.

– *Pluridisciplinariedad*. Los comités de ética tienen que contar con sanitarios. Con médicos, preferiblemente de las áreas en las que se producen los problemas (especialidades médicas y quirúrgicas, urgencias, psiquiatría, pediatría), enfermería (igualmente de varias áreas) y con otros profesionales sanitarios. También debe haber profesionales no sanitarios, porque los problemas tienen aspectos filosóficos, sociales o normativos. Tienen que participar trabajadores sociales, juristas, alguien con formación filosófica y es recomendable que haya un profesional formado en psicología. Por último, la voz de los pacientes tiene que estar representada. No es sencillo, porque un único paciente o usuario puede quedar opacado ante tantos «expertos». Pero no hay que olvidar que todos los miembros del comité son, además, usuarios potenciales o reales del sistema sanitario, bien en propia persona o por sus familiares.

- *Capacidad deliberativa.* Si los comités de ética no saben deliberar, no pueden ayudar a encontrar los mejores cursos de acción para los problemas. Los miembros del comité deben tener una «actitud deliberativa», es decir: estar dispuestos a explicar sus puntos de vista y a escuchar los de los demás, saber reconocer qué hay de positivo y de negativo en los diferentes argumentos, aprender a buscar, entre todos, la mejor solución. Para que sea así, tienen que contar con profesionales formados y con experiencia en deliberación, en la resolución de problemas éticos. Ayuda que haya un moderador que dirija las discusiones y conduzca la deliberación a buen puerto. Con frecuencia, pero no necesariamente, es el presidente.

- *Pragmatismo.* De cada consulta el comité tiene que emitir un informe, donde han de aparecer las recomendaciones concretas que se dan, explicándose también verbalmente. Las recomendaciones tienen que ser útiles y plausibles. Para que sea así, el asesoramiento tiene que ir acompasado con los tiempos y la idiosincrasia de la práctica asistencial. Si se responde a destiempo o la respuesta no es acorde con el problema, las recomendaciones serán inútiles. Como consecuencia, el comité dejará de recibir consultas.

- *Respeto.* Los comités de ética tienen que deliberar y dar su punto de vista de los problemas, pero no juzgan el comportamiento ni los valores de los afectados. No adoctrinan. Su actitud durante la deliberación tiene que ser respetuosa con todos los actores que participan en el problema. Sus miembros, además, tienen que preservar el secreto de las deliberaciones.

- *Flexibilidad.* Los comités tienen que adaptarse a las características de las instituciones en las que trabajan. En algunos casos, pueden atender a un hospital y a su área de atención primaria, en otros a varios centros especializados, puede haber comités en hospitales monográficos (pediátricos, psiquiátricos) o en zonas rurales. Al fin y al cabo, se trata de ofrecer asesoría donde sea necesario.

Ventajas de los comités de ética

Cada modelo de asesoría ética tiene ventajas y desventajas. Algunos aspectos positivos de los comités de ética son:

- *Garantías en la deliberación.* En los comités participan diversos profesionales y usuarios, por lo que sus análisis permiten considerar mejor los principales factores en juego en los problemas (circunstancias, valores y principios éticos, posibles consecuencias) y pensar cuáles son los mejores cursos de acción. Como versa el refranero español: «Cuatro ojos ven más que dos».
- *Análisis de casos complejos.* Pueden ser especialmente útiles para analizar casos difíciles. Cuando se realiza una consulta clínica, por ejemplo, a nefrología, el problema lo puede resolver un nefrólogo. Pero si el caso es complejo, es preferible realizar una sesión clínica para discutir las diferentes opciones; los pros y contras de cada decisión. Igualmente, en ética clínica muchos problemas se pueden resolver individualmente (por el propio clínico) o con ayuda de un consultor. Sin embargo, cuando el problema es complicado, como la sospecha de donación de órgano de vivo bajo coacción, es preferible que intervenga un comité de ética. La decisión recomendada gozará de mayores garantías y de más apoyo.
- *Diseño de protocolos y de la formación.* Para la elaboración de protocolos y recomendaciones, así como para organizar la formación en bioética, es fundamental la implicación del comité de ética en su conjunto.

Riesgos y desventajas de los comités de ética

- *Sesgo narrativo por distanciamiento del «día a día»* («¿dónde está el paciente?»). Muchos comités analizan los casos desde un marco puramente teórico, sin un conocimiento directo del problema. Esto los lleva a actuar con cierto distanciamiento respecto al problema, lo cual impide una auténtica deliberación. Porque si no se conocen los detalles y factores que influyen en el caso —para lo cual muchas veces es preciso un conocimiento *in vivo* del problema— no es posible una deliberación completa.
- *Escasa operatividad y capacidad resolutiva.* Cuando los comités no responden en tiempo y forma a las demandas de los profesionales y usuarios, caen en el desprestigio y dejan de ser consultados. Son inútiles. Esto se pone de manifiesto muchas veces cuando tienen que analizar casos urgentes o que precisan una respuesta rápida.
- *Respuestas estáticas.* Los problemas éticos, como los clínicos, evolucionan. Por este motivo, las decisiones clínicas se van modificando conforme evolucionan los casos. En los casos ético-clínicos debe ser igual. Sin embargo, muchos comités responden a la pregunta realizada «ahora», a pesar de que el caso posiblemente cambie mañana y al día siguiente y etcétera. La falta de dinamismo puede hacer que las recomendaciones de los comités sean fútiles.

Tabla. Ventajas y desventajas de los comités de ética en el asesoramiento ético

Ventajas	Riesgos/desventajas
• Garantías en la deliberación • Análisis de casos complejos • Diseño de protocolos y de la formación	• Sesgo narrativo por distanciamiento del «día a día» • Escasa operatividad y capacidad resolutiva • Respuestas estáticas

Tabla. Causas de la escasez de consultas a los comités de ética

De los profesionales y usuarios	Del comité de ética

• Autosuficiencia
• Falta de formación
   – Desconocimiento del comité
   – Ceguera axiológica*
• Desconfianza en el comité
   – Dudas sobre la
     confidencialidad
   – Miedo al «juicio ético»
   – Falta de operatividad
   – Mala experiencia con
     consultas previas
	• Ceguera axiológica*
	• Recomendaciones (informes,
	   respuestas) inadecuadas o fútiles
	• Incumplimiento de sus funciones
	   – No realizar asesoramiento
	     ético, sino otras tareas
	• Escasa operatividad
	• Comité personalista
	• Pérdida de prestigio en la
	   institución

*No se detectan los problemas éticos.

Los inconvenientes y la escasa repercusión (las pocas consultas que reciben) de los comités han llevado a cuestionar su utilidad.[209] El número de consultas que les llegan, en general, es bajo.[210] En un estudio europeo, el 99 % de los sanitarios se enfrenta a problemas éticos diariamente, pero solo el 11 % consulta con un comité de ética.[211] Estos datos son similares en otras latitudes, como

209   Davis W. Adapt? Missing Links in the Evolution from Ethics Committee to Ethics Program. Health Care Ethics Committee Forum. Diciembre 2006;18(4):291-297.

210   Ribas-Ribas S. *Estudio observacional sobre los comités de ética asistencial en Cataluña: El estudio CEA-CAT (1). Estructura y funcionamiento.* Med Clin (Barc). 2006;126:60-66.

211   Hurst SA, Reiter-Theil S, Perrier A, Forde R, Slowther AM, Pegoraro R, et al. *Physician's Access to Ethics Support Services in Four European Countries.* Health Care Anal. 2007;15:321-335.

Norteamérica[212], Latinoamérica[213] o Asia.[214] La escasez de consultas, junto con que apenas realizan protocolos y que su tarea educativa es limitada, puede condenarlos a la irrelevancia. La exigua repercusión de su tarea y el exceso de funciones burocráticas han llevado a describir el *síndrome de retraso en el crecimiento* de los comités de ética.[215] Este «síndrome» se caracteriza por su estancamiento y por la insatisfacción de sus miembros. Como consecuencia, han aparecido modelos alternativos de asesoría ética. El más desarrollado es la consulta ética.

Consejo experto: la consulta ética

Por qué la consulta ética

La consulta ética se inició en Estados Unidos en los años 1970,[216] trasladándose después a otros países. En España los primeros modelos de consulta ética se dieron en las respuestas de urgencia de algunos comités de ética. Muchos comités eran contrarios a estas respuestas, por considerar que no se podía garantizar

212   DuVal G, Clarridge B, Gensler G, Danis M. A National Survey of U.S. *Internists' Experiences with Ethical Dilemmas and Ethics Consultation.* J Gen Intern Med. Marzo 2004;19(3):251-258.

213   Blanco Portillo A., García-Caballero R, Real de Asúa D, Olaciregui Dague K, Márquez Mendoza O., Valdez P., Herreros B. *What Ethical Conflicts Do Internists in Spain,* México and Argentina Encounter? An International Cross-Sectional Observational Study Based on a Self-Administrated Survey. BMC Med Ethics. 2024 nov.;25(1):123.

214   Zhou P., Xue D., Wang T., Tang ZL., Zhang SK., Wang JP., Mao PP, Xi YQ, Wu R, Shi R. *Survey on the Function, Structure and Operation of Hospital Ethics Committees in Shanghai.* J Med Ethics. 2009 ag.;35(8):512-516.

215   Davis W. Failure to Thrive or Refusal to Adapt? *Missing Links in the Evolution from Ethics Committee to Ethics Program.* Health Care Ethics Committee Forum. 2006 dic.;18(4):291-297.

216   La Puma J, Stocking CB, Silverstein MD, DiMartini A, Siegler M. *An Ethics Consultation Service in a Teaching Hospital-Utilization and Evaluation.* JAMA. 1988;260:808-811.

una adecuada deliberación. Con el tiempo este argumento ha ido perdiendo fuerza y actualmente la consulta ética es un modelo ampliamente reconocido. De hecho, el principal motivo de su desarrollo ha sido, precisamente, el argumento que la frenaba: porque es una forma más rápida, operativa y dinámica de responder a las dudas éticas.[217] Parte de la deliberación es determinar el mejor momento para actuar y, si un comité responde a destiempo, la deliberación es fútil.

En la consulta ética, el especialista en bioética se incorpora en la dinámica del centro como un profesional más, participando de la toma de decisiones sobre las cuestiones morales. Funciona de forma similar a la interconsulta entre servicios sanitarios. Al igual que un digestivo consulta a cardiología —a expertos en enfermedades cardiacas— cuando tiene una duda sobre una cardiopatía, ese mismo digestivo puede realizar una consulta ética —a expertos en problemas bioéticos— si, por ejemplo, no sabe cómo actuar porque la dirección le niega un tratamiento muy caro indicado para un paciente.

Existen diversos modelos de consultoría, con consultores individuales y en equipo. Este segundo modelo es preferible. El cardiólogo forma parte de un equipo (el servicio de cardiología) que estudia y supervisa los casos. Un día responde un cardiólogo y el siguiente puede hacerlo otro. Cuando el caso es complejo, es valorado por todo el equipo. Individualmente, cada cardiólogo tiene limitaciones de conocimientos y experiencia, tiene sesgos, puede ausentarse un día o estar cansado. Estas limitaciones se mitigan si se trabaja en equipo. En la consultoría ética sucede igual. Al trabajar en equipo, los conocimientos y la experiencia se complementan, las carencias individuales (sesgos, ausencias, fatiga, etcétera) se atenúan.

---

217   Singer PA, Pellegrino ED, Siegler M. *Ethics Committees and Consultants*. J Clin Ethics. 1990;1(4):263-267.

Además del modelo de consultoría (individual versus equipo), es preciso establecer su relación con el comité de ética. La consultoría habitualmente depende del comité de ética, que delega en los consultores su actividad en la práctica diaria. Forman parte del comité; se organizan conjuntamente y le informan sobre su actividad. También existen modelos sin vinculación con un comité de ética, constituyendo un grupo autorizado para la consultoría.

Funciones de la consulta ética

En esencia, tiene la función asesora del comité: aconsejar sobre las cuestiones éticas de la institución. Al igual que los comités, delibera con los actores implicados en el problema para llegar a la mejor decisión. No son la voz de la verdad, de ninguna verdad, sino expertos en metodología ética (en deliberación) que ayudan a encontrar la mejor respuesta. Así lo expresaba en los albores de la bioética, en 1974, Albert Jonsen:

> ¿Qué hace un especialista en ética? Quizás sea mejor empezar por lo que no hace o no debería hacer. En primer lugar, no es un profeta que hace llegar a los mortales ignorantes tablas grabadas con mandamientos morales. [...] En segundo lugar, no es un predicador que exhorta a los débiles a la virtud y al pecador al arrepentimiento. No es mejor ni peor en virtud que el resto de los hombres. Finalmente, no es un gurú que ofrece soluciones sabias a problemas complejos. Está tan confundido ante la complejidad como los demás hombres. Los especialistas en ética no tienen más monopolio sobre la moralidad que los médicos sobre la salud. ¿Qué hace entonces un especialista en ética? Se escucha a sí mismo y a los demás para argumentar a favor o en contra de ciertas vías de acción. Por supuesto, esto también lo hacen todos los hombres. Pero tiene un interés profesional en las formas de argumentación, en las razones ofrecidas, en las justificaciones dadas, en las excusas dadas.

[...] Al no ser ni profeta, ni predicador, ni gurú, no puede ser ni definitivo, ni persuasivo, ni sagaz. Pero, al exponer las formas perennes mediante las cuales los hombres han discutido sobre lo correcto y lo bueno, espera hacer que el presente argumento sea más racional, más consciente de sí mismo y más articulado. Una vez hecho esto, cada hombre debe tomar sus propias decisiones. Un especialista en ética, entonces, es un científico del discurso moral.[218]

La elaboración de protocolos y la formación de bioética son tareas más adecuadas para el comité de ética. Son funciones que precisan de un equipo amplio multiprofesional.

Características de la consulta ética

Comparte algunas características con los comités de ética (independencia, pluralidad, pluridisciplinariedad, capacidad deliberadora, pragmatismo, respeto y flexibilidad). Al ser un grupo más reducido, la pluridisciplinariedad es menor y el esfuerzo deliberador debe ser, si cabe, aún mayor.[219] Además, se podrían añadir como especificidades de la consulta ética las siguientes:

- *Narrativa.* El consultor conoce directamente a los profesionales, a los pacientes y familiares, la burocracia y las dinámicas de la institución. Conoce el relato de cada uno, cómo se conectan y relacionan. Esto le permite introducir la deliberación en el contexto real en el que se produce el problema, a través de sus conversaciones o de las notas clínicas.[220]

---

218   Jonsen AR. *A New Ethic for Medicine?* West J Med. 1974 feb.;120(2):169-173.
219   Fox E, Myers S, Pearlman RA. *Ethics Consultation in United States Hospitals: A National Survey.* Am J Bioeth. 2007;7(2):13-25.
220   La Puma J, Schiedermayer D, Siegler M. *How Ethics Consultation Can Help Resolve Dilemmas about Dying Patients.* West J Med. 1995 sep.;163(3):263-267.

- *Asesoría a tiempo real.* Los consultores están insertos en el día a día de la institución. Son parte del personal del centro, lo que les permite responder a los problemas mientras suceden y en el contexto en el que suceden. El *tempo* y el contexto en ética, al deliberar, es esencial.
- *Mediación ética.*[221] Los consultores realizan frecuentemente mediación ética. También la pueden hacer los comités. En muchas situaciones no existen dudas éticas, sino que hay un valor en riesgo. Por ejemplo, si dos profesionales no se entienden y esto perjudica el cuidado de un paciente. En estas situaciones la mediación puede ayudar a preservar el valor moral en riesgo y a proteger al actor más vulnerable, habitualmente el usuario. Su objetivo es intermediar entre partes para proteger los valores en riesgo y a las personas más frágiles. Facilita que se tomen las mejores decisiones. El mediador, aunque ayuda a proteger los intereses y valores del paciente, tiene que ser neutral. Debe defenderlo considerando también los intereses de las otras partes: profesionales, cuidadores, familiares, gestores, etcétera.

Ventajas de la consulta ética

La consultoría también tiene pros y ventajas respecto a otros modelos de asesoría.

- *Operatividad y eficacia.* La principal ventaja de la consultoría es su capacidad de respuesta en el día a día, con rapidez, de acuerdo con la dinámica y las características del centro sanitario. El consultor interviene en el *tempo* del problema, lo que dota a sus consultas de mayor eficacia que

---

221 Rasmussen, LM. Patient Advocacy in Clinical *Ethics Consultation*. American Journal of Bioethics. 2012;12(8): 1-9.

las del comité. Para hacerlo, además de conocer las cuestiones éticas, los consultores deben tener una visión global de los problemas, incluyendo la dinámica de la institución, los aspectos clínicos y sociales.[222] La rapidez, eso sí, no debe minar la deliberación. Las respuestas se deben dar con los medios y el tiempo adecuados.

– *Narratividad*. El consultor está «a pie de cama». Conoce la narrativa del caso, el contexto en el que se producen los problemas. Esto genera un clima cercanía y de mutua colaboración. Produce mayor implicación con los profesionales, con el paciente y la familia.

– *Seguimiento*. Los consultores pueden seguir día a día la evolución del problema. El comité de ética puede hacerlo, pero con mayor dificultad.

– *Confidencialidad*. Al ser menos los miembros que intervienen, se restringe más la confidencialidad. Una cuestión relevante es que cuando escriben notas en la historia clínica, las puedan leer otras personas. La consulta ética funciona como otra interconsulta del hospital, por lo que la confidencialidad en la documentación de su actividad, incluidas las notas en la historia clínica, se debe mover por los mismos estándares que el resto de las consultas.

– *Flexibilidad*. Los consultores se pueden adaptar más fácilmente a las características de la institución que el comité. En la dinámica diaria, pueden contestar las interconsultas, participar en el pase de visita médico, de las sesiones clínicas, tener una consulta propia y hasta pueden trabajar de guardia. Existe, además, la posibilidad de itinerancia, pudiendo desplazarse alguno de los consultores a centros vinculados más pequeños.

222 Real de Asúa D, Rodríguez Del Pozo P, Fins JJ. *The Internist as Clinical Ethics Consultant: An Antidote to "the Barbarism of Specialisation in Hospital Practice*. Rev Clin Esp (Barc). 2018 abr.;218(3):142-148.

Riesgos y desventajas de la consulta ética

- *Deliberación inadecuada.* Se ha argumentado que la consultoría puede poner en riesgo el proceso deliberativo, bien porque exista mayor sesgo individual en el análisis ético o por falta de sosiego.[223] Este argumento es cuestionable. Aristóteles indicaba que la deliberación se puede realizar individualmente o en grupo. Se trata de sopesar los factores en juego, a fin de tomar la mejor decisión. Los consultores analizan los casos con menos «ojos» y muchas veces trabajan sin el sosiego de un comité. Pero, por otro lado, se incorporan a la deliberación factores que influyen en los problemas, como la narrativa del enfermo, las relaciones personales o las emociones. Además, se toman las decisiones en el momento en el que sucede el caso, que suele ser lo más adecuado.
- *Sesgo del consultor.* Determinar quién es el consultor puede generar desconfianza: qué formación y experiencia tiene, cuáles son sus presupuestos morales, si goza de las características adecuadas para deliberar y aconsejar. Cuando el consultor no realiza adecuadamente su tarea (no da consejos prácticos, suplanta los deberes del clínico, etcétera), se convierte en un «ahuyentador» de consultas. Se ha discutido de qué manera se pueden acreditar las competencias del consultor. Estas se adquieren con formación y experiencia, por lo que habitualmente se solicitan unos mínimos de formación y experiencia (número de casos asesorados). Sin embargo, no basta con la formación y experiencia, también importa cómo es el consultor, sus competencias (virtudes) comunicativas, profesionales y deliberativas. La *Society for Bioethics Consultation* de Estados Unidos ha

---

223 Beca JC. *Consultores de* ética *clínica: Razones, ventajas y limitaciones. Bioètica & Debat.* 2008; 14 (54): 1-5.

propuesto una serie de virtudes y competencias precisas para ser consultor.[224]

Tabla. Competencias para ser consultor. Society for Health and Human Values/Society for Bioethics Consultation

• Capacidad para distinguir problemas éticos, emocionales o legales. • Capacidad de analizar la incertidumbre en cada caso. • Capacidad de comunicación interpersonal. • Capacidad para construir consensos morales. • Capacidad para documentar las consultas éticas. • Capacidad para aconsejar a los implicados en cada caso. • Conocimientos de bioética. • Conocimiento del entorno clínico. • Conocimiento de la institución en que trabaja, sus políticas y sus recursos. • Virtudes como compasión, tolerancia, paciencia y empatía.

Tabla. Ventajas y desventajas de la consulta ética

Ventajas	Riesgos/desventajas
• Operatividad y eficacia • Narratividad • Seguimiento • Confidencialidad • Flexibilidad	• Deliberación inadecuada • Sesgo del consultor

Consejo estandarizado: protocolos y directrices

Por qué los protocolos de ética clínica

Los protocolos de ética clínica son instrumentos que ayudan a tomar decisiones en conflictos éticos frecuentes.[225] Cuando los

---

224 Fletcher JC, Siegler M. *What Are the Goals of Ethics Consultation?* A Consensus Statement. J Clin Ethics. 1996 Summer;7(2):122-126.

225 Sánchez MA. *Protocolos éticos para la toma de decisiones: Historia reciente y justificación actual.* En: Principios y aplicaciones de la bioética, Álvarez JC (coordinador). Madrid: Asociación de Bioética Fundamental y Clínica; 2005. 153-160.

problemas son reiterados y las decisiones pueden ser estandarizadas —se pueden marcar unas pautas de actuación generales— es de gran ayuda contar con documentos que expresen dichas pautas. Muchas veces no es viable ni práctico consultar a un comité (o a un consultor), siendo útil contar con un protocolo bien fundamentado.

Los protocolos técnicos, como el del manejo de la hemorragia digestiva o sobre las indicaciones del PET-TAC, describen el mejor modo de poner en práctica un procedimiento o la forma adecuada de actuar ante una patología. No encierran conflictos de valor, porque el clínico sabe de antemano qué quiere: lograr el mejor resultado (técnico) con los medios disponibles. En los protocolos de ética clínica, junto al problema clínico hay otro ético, un conflicto de valores. El protocolo debe reunir las cuestiones clínicas y las consideraciones éticas pertinentes.

Los protocolos de ética clínica expresan las recomendaciones consensuadas ante un problema ético-clínico. Un ejemplo son unas directrices para las decisiones por sustitución con los enfermos con demencia avanzada o sobre cómo realizar la sedación terminal. Sugieren la conducta recomendada, el procedimiento más aceptable desde un punto de vista ético. Los protocolos ayudan y apoyan al clínico, sin obligar. Como los protocolos técnicos, no son vinculantes, por lo que el clínico puede optar por no seguirlos.[226] Eso sí, dado que recogen el consenso de actuación ante un problema, cuando se actúa en contra de un protocolo hay que argumentarlo debidamente. Existe el riesgo de responsabilizar al profesional por no haber seguido el protocolo.

Estos documentos han sido elaborados desde diferentes organismos: sociedades científicas, colegios profesionales, grupos de trabajo, entidades de carácter público y privado. Cuando un

---

226   Herreros B, Ramnath VR, Bishop L, Pintor E, Martín MD, Sánchez-González MA. *Clinical Ethics Protocols in the Clinical Ethics Committees of Madrid.* J Med Ethics. 2014 mar.;40 (3): 205-208.

centro sanitario pretende aplicar las directrices de una sociedad científica o de un colegio profesional, conviene adaptarlas a la idiosincrasia de la institución. Los centros asistenciales también pueden desarrollar sus propios protocolos. Si es así, el comité de ética tiene que elaborarlos o, al menos, participar en la elaboración. Es una de sus funciones.

Características de los protocolos de ética clínica

Al ser documentos, tienen características diferenciales de los comités y del consultor.

- *Elaborados para problemas frecuentes.* Para que se realice un protocolo el problema tiene que ser frecuente. Si no, carece de sentido buscar una respuesta estandarizada. Cuando el problema es puntual, es preferible consultar al comité o al consultor.
- *Recomendaciones estandarizadas.* Para que el problema se pueda protocolizar, es preciso poder prever los posibles escenarios donde hay que realizar las recomendaciones. Por ejemplo, en un protocolo sobre rechazo al tratamiento, un escenario son los pacientes mayores de edad y otro los menores; es diferente si el paciente no es competente o si es una emergencia vital. En función de los problemas morales que plantea cada escenario se realizan las recomendaciones.
- *Especificación institucional.* Muchos protocolos se realizan a instancias de organismos públicos o privados, de colegios profesionales o de sociedades científicas, pero al final se aplican en una institución concreta. Es responsabilidad de estas elaborar sus propios protocolos o adaptar los de otros organismos, porque cada institución tiene su propia idiosincrasia. Si manejamos un protocolo para pacientes incompetentes y dicho protocolo recomienda la valoración

por un psiquiatra, no se aplicará igual si el hospital cuenta con psiquiatría que si no tiene psiquiatras.

- *Concreción en cada caso.* Al final, por mucho que haya unas recomendaciones generales, hay que concretarlas en el caso, con sus características y matices. Porque en cada caso hay detalles que no están en el protocolo. El protocolo recomienda, marca unas directrices generales, pero no puede encorsetar la toma de decisiones.
- *Ayuda a la deliberación.* Los protocolos ayudan en la deliberación, no la reemplazan. Apoyan al tomar decisiones, sin sustituir la reflexión necesaria en cada caso concreto. Si nos enfrentamos a un caso de rechazo a un tratamiento vital, contar con unas directrices generales es de gran ayuda. No obstante, el clínico tiene la responsabilidad de deliberar, de considerar conjuntamente las cuestiones clínicas, éticas, legales y sociales para tomar la mejor decisión, aunque en dicho proceso se haya apoyado en un protocolo.

Ventajas de los protocolos de ética clínica

- *Estandarización de las decisiones.* Los protocolos, al consensuar unas recomendaciones generales, evitan la arbitrariedad, decidir con argumentos caprichosos. Por ejemplo, con el criterio de autoridad o de la tradición. Garantizan ciertos mínimos en la respuesta a los problemas, lo cual puede disminuir la incertidumbre del clínico.
- *Asesoría inmediata.* Muchas veces no es posible contar con el asesoramiento de un comité o de un consultor. Tener unas recomendaciones bien justificadas ayuda a decidir mejor. Es preferible realizar una deliberación sosegada para abordar la retirada del soporte vital en contra de la opinión de la familia, pero, si no es posible, un protocolo dará al menos argumentos para hacerlo. Marcará una serie de pasos para que el clínico tome la decisión bajo ciertas garantías.

- *Concreción.* Los protocolos, a través de sus recomendaciones y cursos de acción, trasladan los valores y principios morales de su formulación abstracta a términos prácticos.
- *Apoyo institucional.* En las decisiones difíciles, los profesionales necesitan apoyo institucional. Este puede brindarse a través de un protocolo refrendado por la institución. Si los protocolos son institucionales, se añade el respaldo de un consenso sólido.
- *Fenómeno anticipatorio.* Cuando un protocolo está bien hecho (parte de un análisis casuístico y de la reflexión, tiene una adecuada fundamentación, están claramente establecidos los cursos de acción), permite anticiparse a los problemas sin esperar a que se planteen. En un centro donde hay problemas entre la enfermería y los médicos porque no se escriben las órdenes de no reanimación, introducir un protocolo ahorrará muchos conflictos.

Riesgos y desventajas de los protocolos de ética clínica

Los protocolos tienen desventajas respecto a otros modelos de asesoría ética.

- *Simplificación de los problemas.* Los protocolos estandarizan la toma de decisiones, lo que puede facilitar la comprensión de los problemas y la elección. Sin embargo, también pueden simplificarlos. Dar respuestas rápidas y estandarizadas puede conducir a que no se analicen detenidamente los problemas. Proporcionar una misma respuesta a todos los casos posibles supone negar el pluralismo y los matices de la ética clínica. La ética no es un conjunto de fórmulas. Aplicar esquemas contribuye disminuir la incertidumbre, la inseguridad y el estrés, pero no significa que se decida correctamente. La realidad es más rica y diversa que un documento. Reducir la toma de decisiones a un documento la convierte en una tarea administrativa, algo muy alejado de la deliberación moral.

- *Respuestas desfasadas.* Los protocolos son documentos elaborados en un momento y circunstancias concretas. No obstante, la realidad es dinámica y evolutiva: cambian los problemas, las instituciones, el contexto social, la práctica clínica. La aplicación *a posteriori* de un protocolo tiene el riesgo de que se haya quedado desfasado (desactualizado); que sus recomendaciones ya no sirvan para la realidad presente.
- *Escaso impacto en las decisiones.* Los protocolos requieren mucho trabajo y tiempo para su elaboración. Sin embargo, se ha comprobado que su repercusión es escasa. Se han postulado varias explicaciones: elaboración inadecuada (no responden al problema, no son necesarios), que no se haya contado con los profesionales implicados en el problema, difusión y educación insuficientes.

Tabla. Ventajas y desventajas de los protocolos de ética clínica

Ventajas	Riesgos/desventajas
• Estandarización de las decisiones • Asesoría inmediata • Concreción • Apoyo institucional • Fenómeno anticipatorio	• Simplificación de los problemas • Respuestas desfasadas • Escaso impacto en las decisiones

Compatibilidad de los modelos

Se han descrito los principales modelos de asesoría ética, que son: comité de ética (grupo de expertos), consultoría (equipo de expertos) y protocolos (recomendaciones consensuadas). Además de estos modelos, se han desarrollado otros. Es el caso de algunos comités y comisiones, que no son *de ética*, pero abordan cuestiones éticas. Sucede en algunas sesiones clínicas o en comisiones monográficas. También se ha propuesto la consultoría *online* y por correo electrónico, que no pueden garantizar que la deliberación sea adecuada. Se puede plantear un problema por escrito, pero contestar un *mail* no es deliberar.

Los tres modelos propuestos son compatibles. En primer lugar, porque tienen el mismo objetivo: mejorar la calidad asistencial a través de la optimización de las decisiones éticas. En segundo, porque sus métodos son compatibles, tanto la fundamentación teórica como en las cuestiones prácticas y organizativas. En función del problema, se puede elegir el modelo de asesoría, que sería aquel que facilite mejor el análisis y la respuesta al conflicto.[227] Se trata de buscar de qué manera se puede aconsejar mejor. El comité es importante para analizar conflictos complejos con posibles consecuencias graves, la consultoría es útil para dar respuestas a tiempo real y los protocolos son de ayuda en casos reiterados.

Para que la compatibilidad sea verdadera, se necesita voluntad y creatividad. Querer que la asesoría ética funcione de la mejor manera, dejando a un lado prejuicios y presupuestos infundados. La consultoría hace que los comités sean más operativos. Los consultores pueden ser los representantes del comité en el «día a día», estando sujetos a su supervisión y control. Periódicamente deberían presentar los casos al comité para que los revise y si se presenta un caso especialmente complejo, los consultores pueden convocar al comité para decidir colectivamente. Cuando un problema se repite, el comité tiene la obligación de plantear la realización de un protocolo para optimizar la toma de decisiones.

---

227   Herreros B. *La consultoría ética, ¿alternativa o complemento a los CEA? En: Comités de* ética *y consultores clínicos: ¿Complemento o alternativa en la ética asistencial?* Cuadernos de la Fundació Víctor Grífols i Lucas. 2017;46:53-66.

INFORME DE RESPUESTA A
UNA CONSULTA ÉTICA

Una de las tareas más importantes y difíciles de los asesores en ética clínica es plasmar por escrito sus recomendaciones. Sus informes y notas tienen que responder con claridad a las dudas éticas por las que se consulta. Deben incluir sus recomendaciones, adecuadamente argumentadas y redactadas.

¿Qué tiene que incluir un informe de consulta ética?

En la historia clínica no se traslada todo lo que se discute en una sesión clínica, ni en el informe de alta se escribe todo lo que sucede con el enfermo durante el ingreso. Se escribe aquella información que, de acuerdo con los objetivos de la historia clínica y del informe de alta, es relevante. De la misma manera, cuando se realiza una nota de consultoría o un informe de consulta ética, hay que incluir los elementos vinculados con los objetivos del asesor: responder a la consulta realizada, detallando las recomendaciones.

Los elementos esenciales de una nota y de un informe de consulta ética son:

1) *Explicar cuál es la consulta ética.* Puede haber más de una pregunta y también preguntas que no sean éticas. Se tiene que indicar qué cuestiones van a abordar los asesores en ética clínica.

2) *Los aspectos médicos y contextuales necesarios para comprender el problema ético.*

3) *Análisis del problema ético y el proceso deliberativo realizado para justificar (argumentar) las recomendaciones.* No es posible determinar *a priori* cuánto hay que escribir para justificar las recomendaciones. Dependerá del comité (o consultor) y de la complejidad del problema.

4) *Las recomendaciones*. Estas tienen que ser útiles y plausibles, incluyendo los cursos de acción concretos aconsejados y la forma de implementarlos.

Los asesores también tienen que saber qué no tienen que incluir en sus notas e informes:

- Los hechos, datos y aspectos contextuales que no son necesarios para la comprensión del problema.
- Los argumentos que no ayudan a justificar las recomendaciones y las opciones (cursos de acción) que no se han considerado óptimas.

En la historia clínica no se incluyen las opciones descartadas, a no ser que ayuden a justificar la decisión tomada. Igualmente, carece de sentido detallar los cursos de acción que no se recomiendan, a no ser que sirvan de ayuda para justificar la recomendación. Por ejemplo, para explicar las recomendaciones sobre un consentimiento por representación, se puede señalar: «Habría que consultar las instrucciones previas. Dado que no las hay, se tiene que contar con la familia para que ayude en la decisión». El comité ha introducido una opción descartada (consultar las instrucciones previas), porque su recomendación se justifica por el respeto a la autonomía del paciente. Sin embargo, no es pertinente escribir: «Se ha discutido si debe prevalecer el criterio médico por encima de la voluntad del paciente», porque esta opción se ha descartado y no ayuda a justificar la recomendación escogida.

Cómo redactar el informe

1. Aceptación del caso

Contenido de la sección: establecer 1) si hay un problema ético; 2) si el problema es aceptado para ser analizado por los asesores.

Esta parte del informe corresponde con el *primer paso de la guía propuesta* («¿existe un problema ético?»). Al escribir la respuesta, primero hay que explicar por qué se acepta la consulta. Fundamentalmente, porque hay un conflicto ético (un conflicto entre bienes/valores) o porque hay cuestiones éticas relevantes que merecen la pena ser analizadas. Por tanto, ante una consulta, los asesores pueden afrontar tres situaciones:

- *Deliberación ética.* Existe un conflicto ético, por lo que hay que deliberar y realizar recomendaciones.
- *Mediación ética.* No existe un conflicto ético, pero hay valores en riesgo. Los asesores pueden realizar una tarea de mediación para proteger los valores en riesgo. Por ejemplo, si existe un enfrentamiento entre dos equipos sanitarios y, como consecuencia, el paciente recibe información contradictoria. El comité puede mediar para que haya más diálogo y lograr un acuerdo, con el objetivo de que el paciente reciba una información adecuada y proteger su bienestar.
- *Facilitación.* No existe un problema ético ni hay valores morales en riesgo. Sin embargo, el comité puede ayudar a buscar un cauce apropiado para resolver el problema. Si, por ejemplo, se trata de un problema clínico, puede aconsejar realizar una sesión clínica, si es una cuestión legal, la consulta a la asesoría jurídica o si es social al trabajador social.

Antes de aceptar la consulta hay que averiguar si se encuentra abierto un proceso judicial (*sub judice*) o contencioso de otro tipo, como podría ser un procedimiento deontológico, de régimen interno o administrativo. Si es así, el caso no debe ser admitido por el comité. Entre otros motivos, para que no se utilice el informe como argumento durante el procedimiento. Para admitir la consulta, se tiene que esperar a que se resuelva el proceso abierto.

2. Descripción del caso clínico/problema

Contenido de la sección: 1) datos del caso/problema que hay que conocer y aclarar; 2) la normativa que es preciso conocer.

Esta parte del informe corresponde el *segundo paso de la guía propuesta* («descripción de los datos y del contexto del problema»). Se trata de describir los datos y el contexto del problema, de exponer las cuestiones fácticas relacionadas con la consulta, como los aspectos clínicos, sociales, contextuales, culturales, narrativos, institucionales. Además de explorarlos, se tienen que esclarecer las cuestiones que estén oscuras. Hay que responder a la cuestión ética sobre la base de unos hechos que estén claros.

En esta fase es preciso especificar la normativa (legal, profesional o institucional) relacionada con el problema. El contexto normativo es fundamental para la posterior deliberación moral. Por un lado, porque indica el consenso normativo vigente en la sociedad (legislación), en la profesión (deontología) o en la institución. Por otro, porque a la hora de buscar soluciones al problema, conocer la normativa puede aportar ideas sobre los cursos de acción recomendables o no recomendables. Además, los asesores no deben recomendar un curso de acción que sea contrario a la normativa, ya que podría ser contraproducente para quien realiza la consulta.

Ana es una mujer de 83 años, ingresada por anemia ferropénica. Tiene antecedentes de hipertensión arterial y de diabetes mellitus, bien controladas. Hace cinco días presentó un episodio de mareo, por lo que fue traída a urgencias. Tras los estudios realizados, presenta anemia ferropénica severa, con hemoglobina de 6,8, por lo que se han transfundido dos concentrados de hematíes. Se ha realizado un TAC de abdomen, donde se observa una masa en el colon ascendente. Además, tiene un CEA de 11. Ante la alta sospecha clínica de cáncer de colon, se le explica la necesidad de realizar una colonoscopia. Sin embargo, Ana no quiere hacerse la colonoscopia. Dice que tras la transfusión se encuentra bien y quiere irse a su casa. Argumenta que pronto van a llegar sus nietos de vacaciones y quiere preparar la casa para cuando lleguen. Dice que después del verano (es junio), en septiembre, puede ir la consulta y retomar el estudio. Ciertamente, Ana ha mejorado tras la transfusión, pero no es capaz de mantener sola la deambulación y precisa ayuda para el aseo. Cognitivamente no parece que presente deterioro ni tiene antecedentes neurológicos. Ana vive sola, porque su marido falleció hace cinco años. Tiene dos hijas que residen fuera de la ciudad, con las que mantiene buena relación y que no han venido al hospital durante el ingreso. No ha venido nadie a verla. La médico, la Dra. García, no sabe cómo actuar, si retrasar el estudio del posible cáncer hasta después de verano (dentro de tres meses) o si hacerlo ahora, porque en tres meses podría avanzar el cáncer de colon.

3. Consulta realizada al comité de ética.

Contenido de la sección: 1) definir el principal problema ético; 2) diagnóstico diferencial ético: qué otros problemas hay, éticos y no éticos.

Esta parte del informe corresponde con el *tercer paso de la guía propuesta* («análisis del problema ético: diagnóstico diferencial ético»). Hay que precisar cuál es el principal problema ético y, además, qué otros problemas hay, tanto éticos como no éticos (diagnóstico diferencial ético).

Es posible que la duda ética por la que se consulta no está formulada con claridad. Si es así, los asesores tienen que ayudar a esclarecer la pregunta ética. Además, puede que quien consulta, más que una duda, esté pidiendo ayuda para manejar adecuadamente un valor ético, es decir, que solicite mediación ética. Una duda ética sería: «¿Debemos respetar la decisión del paciente, sabiendo que es perjudicial para su salud?». Una solicitud de ayuda para gestionar un valor ético (de mediación) podría ser: «José Luis no quiere firmar el documento de consentimiento informado, porque dice que no confía en este tipo de documentos, pero si no lo firma no podemos realizar la intervención».

En esta fase los asesores pueden precisar hablar con los sujetos implicados en el problema (paciente, familiares y allegados, profesionales sanitarios). La entrevista con ellos tiene que ayudar a aclarar cuál es el principal el problema ético y también el resto de los problemas.

Si se trata de un conflicto ético, al formularlo conviene hacerlo como pregunta, porque así se muestra que existe una duda. No hay que incluir el término *ético* en la pregunta («¿es ético hacer A?»), porque se estaría solicitando un juicio ético —si algo es correcto— y no ayuda ante una duda. El verbo que vehicula la consulta tiene que transmitir la duda moral, la duda sobre qué se debe hacer. Además, es conveniente formular la pregunta mostrando los bienes o valores en conflicto. Algunas fórmulas recomendables son:

- ¿Se debe (hacer *esto* o *eso* o…)? ¿Se tiene que (hacer *esto* o *eso*)?
- ¿Es adecuado (*esto* o *eso*)? ¿Es correcto (*esto* o *eso*)? ¿Es conveniente (*esto* o *eso*)?
- ¿Qué es mejor (A o B o…)?

Tras formular la pregunta, para que quede clara la duda ética, conviene especificar qué valores, bienes o principios están en conflicto en el principal problema ético. Hay que describir y explicar de qué manera entran en conflicto los valores.

Una vez determinado el principal problema ético y el conflicto entre bienes/valores, es preciso realizar el diagnóstico diferencial ético. Este análisis pasa por determinar si existen otras cuestiones éticas relevantes, identificadas por quien consulta o por los asesores. También hay que explicitar las cuestiones no éticas que son relevantes para dar una respuesta adecuada al caso. Es decir, los problemas clínicos, sociales, culturales, profesionales o legales que pueden afectar a la deliberación, a la búsqueda de la mejor decisión. En el diagnóstico diferencial ético hay que detallar:

- ¿Qué otros problemas éticos hay? Formúlalos.
- ¿Qué problemas no éticos (clínicos, sociales, culturales, legales, profesionales) hay? Formúlalos.

Ejemplo

Principal problema ético: ¿se debe respetar la decisión de Ana, si su decisión es perjudicial para su salud (por el riesgo de que avance el cáncer)? Los valores en conflicto en este problema son, de un lado, la libertad y autonomía de Ana, y, del otro, el cuidado de su salud, así como el rigor científico.

Junto a este problema, hay otros problemas éticos, que son:

- Al no estar del todo claro si Ana es competente (por la anemia y su situación clínica): ¿es adecuado tomar una decisión por sustitución con las hijas, en lugar de con Ana?
- ¿Es correcto dar de alta a Ana, según ella desea, sabiendo que no es independiente en este momento y que aún no se ha recuperado del todo?

Además, hay problemas que no son éticos y que conviene tener presentes para responder a la principal pregunta ética, que son:

- Una duda clínica, porque es necesario aclarar si el pronóstico de Ana será peor si se retrasa el proceso diagnóstico tres meses.
- También hay un problema social, porque si se le da de alta a Ana, al ser parcialmente dependiente, precisaría apoyo en su domicilio.

---

4. Análisis y deliberación ética

Contenido de la sección: explicar cuál es el mejor curso de acción.

Esta parte del informe corresponde con el *cuarto paso de la guía propuesta* («elección del mejor curso de acción»). Se tiene que justificar por qué se escoge un determinado curso de acción, es decir, por qué se va a realizar una determinada recomendación en lugar de otra. En el informe escrito no es necesario barajar y discutir todas las opciones posibles, como, por ejemplo, los cursos de acción extremos u otras decisiones descartadas. Se trata de justificar por qué se escoge A; por qué A es mejor opción que B y C. El proceso de deliberación y justificación de una decisión obliga a argumentar por qué se elige A.

En esta fase es posible que los asesores necesiten hablar con los sujetos implicados en el problema (paciente, familiares y allegados, profesionales sanitarios). La entrevista con los participantes puede ayudar a aclarar el análisis ético. Sin olvidar que se les tiene que incorporar en el proceso deliberativo.

Argumentar (justificar) por qué, fruto de la deliberación, se recomienda un curso de acción no es sencillo. La justificación debe establecerse sobre tres requisitos:

1) Se han sopesado las opciones disponibles que podrían ayudar a resolver el problema.
2) Se escoge el curso de acción que mejor respeta los bienes (valores, principios, normas) en conflicto; el que, como resultado de la decisión, realiza mejor los bienes/valores.
3) El curso de acción no se focaliza exclusivamente en el principal problema ético, sino que considera el conjunto de la realidad problemática; los problemas éticos y los no éticos. De nada sirve una decisión «impecable» en relación con el principal problema ético si es perjudicial para el conjunto de la realidad problemática. Por ejemplo, si es dañina desde el punto de vista clínico, legal o social.

La argumentación (justificación) de la elección se puede realizar de varias formas. Una opción es la siguiente:

1) Como ya se han descritos los bienes/valores en conflicto en el principal problema ético, se explica por qué el curso de acción escogido es el que mejor respeta dichos bienes/valores.

2) Dado que además del principal problema ético hay otros problemas, se tiene que explicar cómo afecta la decisión al conjunto de la realidad problemática. De qué manera los demás problemas (éticos y de otro tipo) se ven influidos y, deseablemente, beneficiados, por la decisión.

Ejemplo

En este caso se produce un conflicto entre la autonomía de Ana y el cuidado óptimo de su salud. El problema se resolvería si Ana elige de forma autónoma realizarse la colonoscopia. Por tanto, hay que poner los esfuerzos en esta opción. Si no es posible, se tiene que buscar la decisión que respete la autonomía de Ana y que perjudique lo menos posible su salud.

Antes de nada, hay que asegurarse de que Ana es competente y de que ha sido informada ampliamente. Porque la competencia y la información son prerrequisitos para la autonomía, para que la decisión de Ana sea libre. Al informar a Ana hay que explicarle las posibles consecuencias de cada opción, entre ellas las de no hacerse la colonoscopia ahora. Es decir, por qué es aconsejable que se haga la colonoscopia en este ingreso. Durante el proceso de información y persuasión, puede ser de ayuda contar con sus hijas, por lo que, si Ana lo autoriza, es conveniente hablar con ellas para incorporarlas en el proceso de información y de decisión. Tras informar ampliamente, si Ana es competente y persiste en su idea de irse al domicilio, hay que respetar su decisión, lo cual no significa abandonarla. Muy al contrario, para respetar su autonomía y darle la mejor atención, habría que realizar un seguimiento estrecho y realizar la colonoscopia lo antes posible.

Junto al problema ético analizado, no se puede obviar la problemática social. Tanto si se da de alta ahora como si se realiza la colonoscopia, Ana precisará apoyo en su domicilio, por lo que cuanto antes se comiencen a buscar los recursos sociales, mucho mejor.

5. Recomendaciones

Contenido de la sección: detallar un plan de acción plausible, con pasos concretos, que ponga en práctica el curso de acción escogido.

Esta parte del informe corresponde con el *quinto paso de la guía propuesta* («plan de acción y posterior intervención»). Fruto de la deliberación, se ha encontrado un curso de acción recomendable. Ahora hay que traducirlo a un plan de acción concreto, plausible y realizable. Se tienen que detallar los pasos a seguir. Si es conveniente, el plan de acción se puede plantear de forma concatenada, previniendo lo que sucedería si se toma una u otra decisión. Es decir: si tras X sucede Y, entonces hay que hacer Z; pero si sucede V, entonces pasamos a W.

Una recomendación que habitualmente no debe faltar es la necesidad de realizar seguimiento al problema. Tras la intervención, hay que ver de qué manera se modifica el problema, por si es preciso cambiar el plan. Al igual que durante la evolución de un caso clínico muchas veces se modifica el diagnóstico y el tratamiento, en la evolución de los problemas éticos van cambiando los hechos y los valores, lo cual supone modificar el curso de acción inicial. El plan inicial debe tomarse siempre como una recomendación temporal, la mejor en el momento en el que se consulta, pero abierta a ser modificada en función de cómo evolucione el problema.

Seguimiento del problema

El seguimiento del problema hay que documentarlo también por escrito. Corresponde con el *sexto paso de la guía propuesta* («seguimiento del plan de acción»). Tras implementar la intervención es preciso realizar un seguimiento para ver cómo estamos actuando; de qué manera se está modificando la realidad problemática de acuerdo con el plan de acción. Hay que valorar cómo se modifican el problema ético y el resto de los problemas. Sin olvidar que pueden aparecer nuevos problemas, éticos o de otra índole. En función de todo ello, se realizarán las modificaciones que sean precisas en el plan de acción.

Al escribir las notas (o el informe) de seguimiento hay que ser más concisos. Como en una nota de seguimiento clínico, se puede comenzar con un resumen del problema y a continuación se narra la evolución, añadiendo al final las recomendaciones, bien seguir el plan previo o, si no, indicar las nuevas pautas. También se puede hacer la nota de seguimiento comenzando directamente con la evolución del problema y exponiendo las recomendaciones.

Por qué escribir en la historia clínica

Una duda de muchos comités y consultores es si tiene que incluir sus recomendaciones en la historia clínica (HC). Si el caso es actual y hay una decisión en ciernes, no debe haber inconveniente para que se escriban en la HC. Más bien al revés: hacerlo es de gran ayuda para los clínicos y para el resto de los profesionales. Los expertos en bioética clínica, como cualquier otro experto en el ámbito sanitario, aportan recomendaciones que tienen que ser transparentes para que sirvan de ayuda en el proceso de toma de decisiones. Escribir en la historia clínica tiene ventajas adicionales, como la posibilidad de realizar seguimiento y de modificar las recomendaciones según la evolución del caso, así como la interacción a tiempo real entre los asesores y el resto de los profesionales implicados. En los problemas bioéticos con frecuencia hay implicados muchos profesionales y es positivo conocer el punto de vista de todos ellos.

Cuando se escribe en la HC, las notas tienen que ser más breves que en un informe completo de asesoría. La nota puede contener los mismos apartados (aceptación del caso, descripción del problema, consulta ética, análisis y deliberación, recomendaciones), destacando los aspectos que sean verdaderamente útiles para la decisión en ciernes. Sobre todo, tienen que estar claras las recomendaciones y el plan de acción.

ELABORACIÓN DE PROTOCOLOS Y DIRECTRICES

En su tarea de asesoría, los comités y consultores, además de responder a las consultas «caso a caso», tienen que elaborar protocolos cuando un problema se reitera en la institución. ¿Cómo se elaboran estos documentos?

Los protocolos de ética clínica

Los protocolos técnicos describen el mejor modo de poner en práctica un procedimiento diagnóstico o terapéutico. No encierran conflictos de valor, porque el clínico sabe de antemano qué quiere: el mejor resultado técnico con los medios disponibles. Solo necesita conocer los pasos para lograrlo. Un ejemplo es un protocolo sobre el síndrome coronario agudo en cardiología. Los protocolos de ética clínica (PEC) se plantean cuando hay un problema clínico-ético. Ayudan en la toma de decisión sin sustituir la deliberación. Son complementarios con ella, incluso puede ayudar en la deliberación.

Un PEC bien elaborado aclara el conflicto ético, ayuda a tomar decisiones argumentadas (recomendando las alternativas más aceptables) y, además, brinda respaldo al profesional. Los PEC no resuelven los problemas por sí mismos. Si bien apoya al profesional, la decisión, en última instancia, la tienen que tomar los implicados. No suplantan al profesional en sus responsabilidades.[228]

---

228   Herreros B, Sánchez MA. Valor jurídico de los protocolos de ética clínica. En: Biomedicina y derecho sanitario, Bandrés F, Delgado S (editores). Además Comunicación S. L.; 2009. 375-394.

Los PEC han sido elaborados por diferentes instituciones (sociedades científicas, colegios profesionales, grupos de trabajo), pero donde tienen más relevancia es en los centros sanitarios, porque responden a la problemática concreta de la institución y se adaptan a sus características.[229] Los comités de ética tienen como función elaborarlos. Para ello cuentan con expertos en bioética, con asesoría legal y pueden sumar a los especialistas precisos para su elaboración. Al elaborarlos su función consultiva se orienta prospectivamente, ofreciendo recomendaciones generales para responder a los futuros problemas éticos del centro.

¿Cuándo elaborarlos?

La propuesta de elaboración puede surgir en el comité o externamente. Los comités deben revisar periódicamente la problemática del centro (analizando su casuística o con encuestas de opinión) para atenderla y, cuando sea necesario, elaborar PEC. De los problemas detectados, ¿cuáles deben ser protocolizados? Aquellos que sean tan frecuentes y complejos que interfieran en la actividad del centro. Además, es necesario poder establecer *a priori* los posibles cursos de acción del problema. Que el problema sea «protocolizable». Por tanto, hay que elaborar PEC ante problemas:

- *Frecuentes*. Los problemas tienen que ser usuales en la actividad asistencial del centro, causando reiteradamente conflictos. Si son esporádicos, el comité puede realizar asesoría caso a caso.
- *Complejos*. Si los problemas son sencillos, no es preciso realizar unas directrices o un protocolo.

---

229 Sánchez MA. Protocolos éticos para la toma de decisiones: Historia reciente y justificación actual. En: Principios y aplicaciones de la bioética, Álvarez JC (coordinador). Madrid: Asociación de Bioética Fundamental y Clínica; 2005. 153-160.

– *Protocolizables.* El problema debe permitir que se establezcan *a priori* ciertos estándares y pautas. Es decir, los cursos de acción se tienen que poder establecer de antemano.

Cuando se cumplen estas tres características, tiene que haber un periodo de reflexión para analizar la casuística del centro, la bibliografía y otras posibles vías de solución. Hay que determinar si elaborar un PEC es un procedimiento válido para responder al problema.

Tabla. Algunos conflictos éticos susceptibles de ser protocolizados.[230]

> • Reanimación cardiopulmonar en la parada cardiopulmonar
> • Limitación del esfuerzo terapéutico o del soporte vital
> • Sedación paliativa en pacientes terminales
> • Rechazo al tratamiento
> • Decisiones con enfermos incompetentes
> • Discrepancia entre los profesionales
> • Medidas de sujeción mecánica forzosa

Metodología para elaborar un protocolo

La redacción de un PEC es un proceso laborioso, debido a que son documentos complejos. Tienen que incluir los aspectos éticos, técnicos y legales más relevantes de los problemas para justificar los cursos de acción que se proponen. A continuación, se presentan unos pasos para elaborar PEC, que no son obligatorios ni necesarios en su totalidad.[231]

---

230 Herreros B, Ramnath VR, Bishop L, Pintor E, Martín MD, Sánchez M. Clinical Ethics Protocols in the Clinical Ethics Committees of Madrid. J Med Ethics. 2014 mar.;40(3):205-208.

231 Herreros B, Sánchez MA. Protocolos de ética clínica. En: Bioética: De la globalización a la toma de decisiones, Herreros B, Bandrés F (editores). Además Comunicación S. L.; 2012. 241-266.

Fase de información y documentación

Identificar los problemas éticos del centro

Se tiene que responder a estas dos preguntas:

- ¿Qué problemas éticos hay en *el centro?* El comités pueden analizar su casuística o realizar un cuestionario sobre los problemas éticos en el centro.
- *De los problemas detectados: ¿cuáles pueden ser protocoliza dos?* Aquellos frecuentes, complejos y con cursos de acción previsibles.

Evaluar si un PEC es el mejor procedimiento para el problema

Además de elaborar un PEC hay otros métodos: responder caso a caso, mediación, educación a los implicados... Los diferentes procedimientos son compatibles. De la valoración de las ventajas y desventajas de cada procedimiento hay que establecer si el problema debe ser protocolizado.

Seleccionar un coordinador y un grupo de trabajo

El grupo de trabajo tiene que incluir profesionales que conozcan los aspectos éticos, técnicos y legales del problema. Uno de ellos debe liderar el grupo (coordinador de proyecto).

Recopilar fuentes bibliográficas actualizadas

Hay que revisar la bibliografía científica, bioética y la normativa, así como otros PEC ya realizados. Los PEC extrainstitucionales (de sociedades científicas, colegios profesionales, centros de bioética, asociaciones) dan recomendaciones más generales, pero son de gran interés porque han sido elaborados por profesionales reconocidos y recogen cierto consenso. Si otras instituciones sanitarias han elaborado protocolos sobre el mismo tema, conviene recopilarlos para contar con su experiencia.

Fase de redacción del documento

Elaborar un borrador

El grupo de trabajo debe llevar al comité un borrador del documento. Es aconsejable que no sea muy extenso. La complejidad de los problemas y la necesidad de justificar los cursos de acción podría llevar a textos muy amplios, pero poco operativos. Por otro lado, la brevedad no debe conducir a simplificar en exceso los problemas. El profesional que aplique el PEC debe saber qué hacer y porqué, para lo cual se tiene que conjugar brevedad y rigor. Una estructura recomendable para el documento es: 1) planteamiento del problema; 2) cursos de acción y recomendaciones; 3) bibliografía. Se pueden seguir otra estructura, siempre que queden justificados los cursos de acción y el establecimiento de responsabilidades.

- *Planteamiento del problema*. Esta parte sirve para fundamentar el documento. Además, ayudará a evaluarlo, a determinar si el PEC responde a lo que pretende. Debe incluir la exposición de su necesidad y el objetivo del documento. Se tiene que definir el problema ético y, si es preciso, hay que especificar la normativa vinculada. Conviene detallar los aspectos éticos que afectan al problema (principios, valores, normas), contextualizándolos para que no sea una mera declaración de principios. Puede resultar útil aportar una lista con las definiciones de difícil comprensión.
- *Cursos de acción y recomendaciones*. Los cursos de acción se tienen que formular de forma ordenada y clara, con sus correspondientes recomendaciones. Hay que describir el

supuesto o supuestos prácticos que se quiere protocolizar; el escenario clínico específico. Primero el procedimiento general y, a continuación, los escenarios particulares que podrían llevar a cursos de acción distintos. Finalmente, a las excepciones, al caso general o a los casos particulares. Los cursos de acción tienen que incluir los matices necesarios para su puesta en práctica, como, por ejemplo, qué se debe escribir en la historia clínica, los teléfonos a los que hay llamar, a quién se debe consultar ante un desacuerdo, quién tiene que ser informado o las responsabilidades específicas.

– *Bibliografía*. Referencias de la literatura usadas.

Revisión del borrador

El grupo de trabajo tiene que someter a revisión el protocolo en el comité. La revisión debe ser rigurosa y abierta: escucha activa, fomento de la participación, evitar el dogmatismo… Es deseable llegar al mayor nivel de consenso posible. La labor de los líderes —coordinador del grupo de trabajo y presidente del comité — es primordial en este aspecto. La revisión tiene que hacerla, además del comité, los profesionales afectados por el protocolo, especialmente de las cuestiones que les conciernen. Hay que modificar e incorporar las aportaciones oportunas hasta que haya un consenso aceptable. En ciertos casos, puede ser pertinente entregar el PEC a la dirección del centro, para valorar que el documento sea reconocido como institucional, lo cual puede facilitar la posterior difusión y puesta en práctica.

Fase post-elaboración

Distribuir y difundir en el centro

Un trabajo tan extenso no debe fracasar por esta última fase. La difusión no es sencilla. Debe ir acompañada de un proceso pedagógico de educación al personal que pueda usar el protocolo. El comité tiene que implicarse en la difusión, por ejemplo, realizando cursos de formación, sesiones en los servicios implicados, etc.

Evaluación

Tras la puesta en práctica, se tiene que evaluar si el PEC está respondiendo a la necesidad que lo originó y a sus objetivos. Esto lo puede hacer el propio grupo de trabajo. Habría que responder a las siguientes preguntas: ¿cómo se puede medir su efecto en la institución? (encuestas, parámetros); ¿está respondiendo a la necesidad que lo originó?; ¿cumple con sus objetivos?; ¿qué problemas han surgido de su aplicación?; ¿qué nuevos conflictos han aparecido?

Actualización del protocolo

Todo protocolo debe revisarse periódicamente para asegurarse de que está actualizado, tanto en los contenidos éticos como en los técnicos y legales. La evaluación de su aplicación aportará datos que se escapan de una mera revisión bibliográfica y que se tienen que incorporar al documento. Se trata de mejorar los aspectos problemáticos y de optimizar los prácticos.

Tabla. Fases en la elaboración de un PEC.

Fase de información y documentación

• Identificar los problemas éticos del centro.
  – ¿Qué problemas éticos hay en el centro?
  – De los problemas detectados: ¿cuáles pueden ser protocolizados?
• Evaluar si un protocolo es el mejor procedimiento para el problema.
• Seleccionar un coordinador y un grupo de trabajo.
• Recopilar fuentes bibliográficas actualizadas.

Fase de redacción del documento

• Elaborar un borrador.
     – Planteamiento del problema.
     – Cursos de acción y recomendaciones.
     – Bibliografía.
 • Revisión del borrador.

Fase post-elaboración
• Distribuir y difundir en el centro.   • Evaluación.   • Actualización del protocolo.